U0159970

陈志田◎主编

舌尖上的中国

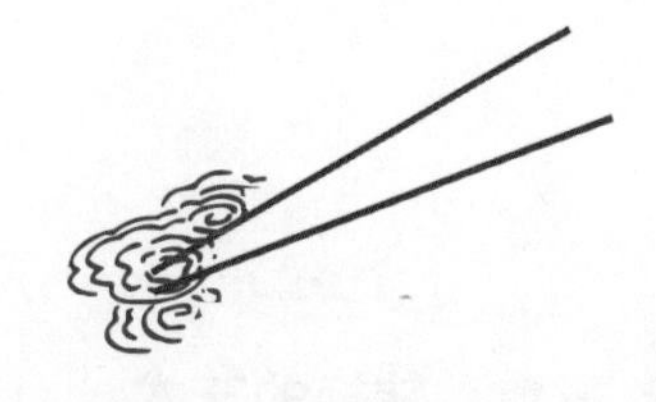

形色、转换的艺术

中国華僑出版社
北 京

图书在版编目 (CIP) 数据

舌尖上的中国 . 2, 形色、转换的艺术 / 陈志田主编
. -- 北京 : 中国华侨出版社 , 2020.8
ISBN 978-7-5113-8265-8

Ⅰ . ①舌… Ⅱ . ①陈… Ⅲ . ①菜谱－中国 Ⅳ .
① TS972.182

中国版本图书馆 CIP 数据核字 (2020) 第 134313 号

舌尖上的中国 . 2, 形色、转换的艺术

主　　编：陈志田
责任编辑：刘雪涛
封面设计：冬　凡
文字编辑：宋　媛
美术编辑：吴秀侠
经　　销：新华书店
开　　本：880mm × 1230mm　1/32　印张：25　字数：570 千字
印　　刷：德富泰（唐山）印务有限公司
版　　次：2020 年 8 月第 1 版　2021 年 1 月第 2 次印刷
书　　号：ISBN 978-7-5113-8265-8
定　　价：168.00 元（全 5 册）

中国华侨出版社　北京市朝阳区西坝河东里 77 号楼底商 5 号　邮编：100028
法律顾问：陈鹰律师事务所
发 行 部：（010）88893001　　传　　真：（010）62707370
网　　址：www.oveaschin.com　　E-mail：oveaschin@sina.com

前言

p r e f a c e

中华饮食文化源远流长，烹饪历史悠久，制作工艺精湛，菜系流派纷呈。一直以来，中国都以“美食大国”享誉世界，不仅各种美味佳肴遍布中国各地，中国菜品更是风行海外。在时间的积淀中，中华美食在选料、口味、制法和风格上形成了不同的区域差异和风格特色。正如林语堂先生所说:“吃在中国无所不在，无往不通。”中国人的吃，不仅是满足胃，而且要满足嘴，甚至还要使视觉、嗅觉皆获得满足。

丰富的美食让中国人大饱口福，但人们对饮食的追求远不止于此。中国人懂吃、爱吃、会吃，也会做。千百年来，他们心甘情愿地把大量的精力倾注于饮食之事中，菜中味、酒中趣、茶中情，无论贫富，不分贵贱，中国人都在饮食之中各得其所，各享其乐。擅长烹饪的中国人，从不曾把自己束缚在一张乏味的食单上 ，他们怀着对食物的理解，将无限的想象空间赋予各种食材，演绎出无数新的、各具特质的食物。

作为一个普通食客，懂吃固然重要，会做更为关键。如果能够掌握中华美食的制作方法，即便是在家里，也能够尝遍南北大菜、风味小吃。为此，我们精心编写了这套《舌尖上的中国》，为广大美食爱好者提供周到细致的下厨房一站式炮制指南，帮助其在较短的时间内掌握中华经典美食的制作方法，迅速成为烹饪高手。书中精选具有中华特色和代表性的菜肴与风味小吃，分为《煎·炒·烹·炸·炖，美食中的“中国功夫”》《形色、转换的艺术》《火锅和烧烤，舌尖上的味道舞蹈》《倾世名城倾世菜》《主食，花样百变的中国饮食艺术》五册，既有传统大菜，又有美味时蔬；既有饕餮大餐，也有故乡小吃；既有养生靓汤，还有食疗粥煲，几乎囊括中国各地具有代表性的特色美食，将人们关于山珍海味、各式主食、豆制品、腌货腊味和五味调和的美好记忆与制作方法一一道来，让你足不出户也能品尽舌尖上的中国。此外，书中对各类菜品所使用的材料、调料、做法进行了详细介绍，烹饪步骤详略得当，图片精美清晰，读者可以一目了然地了解食物的制作要点，易于操作。即便你没有任何做饭经验，也能做得有模有样、有滋有味。

小舌尖，大中国，尝酸甜苦辣咸，品中国色香味。不用绞尽脑汁，不必去餐厅，自己动手，就能炮制出穿越时空的中华传世美味，热爱美食的你还等什么呢？只要掌握了书中介绍的烹调基础和诀窍，以及分步详解的实例，就能轻松烹调出一道道看似平凡，却大有味道的美味佳肴，让你在家里就能尝尽中华美味。一碗汤喝尽一个时代的味道，一道菜品出半生浮沉的记忆。无论你身在何方，都希望你沿着这份美食攻略，找到熟悉的温暖与感动。

目 录

c o n t e n t s

第一章

拌菜，形色的融合

凉拌菜的常见制法与调味料 / 002
美味凉拌菜怎样“拌” / 004
不同蔬菜的凉拌方法与配料 / 006
拌凉菜的方法对营养的影响 / 009
凉菜的 30 种调味汁的配制方法 / 010
凉菜拼盘方法 / 015
凉拌芦笋 / 018
拌空心菜 / 019
凉拌天目笋干 / 021
巧拌三丝 / 022
花生拌菠菜 / 023
芥辣拌双豆 / 024
葱白拌双耳 / 025
核桃仁拌木耳 / 026
葱油西芹 / 027
拌五色时蔬 / 028
炝拌茼蒿 / 029
椒葱拌金针菇 / 030
泡椒黄豆芽 / 031
西北拌菜 / 032
拌笋丝 / 033
鲍汁扒笋尖 / 034
沪式小黄瓜 / 035
爽口瓜条 / 036
东北大拉皮 / 037
酸辣蕨根粉 / 038
蒜泥白肉 / 039
猪肝拌豆芽 / 040

猪肝拌黄瓜 / 041
酸菜拌肚丝 / 043
沙姜猪肚丝 / 044
凉拌爽肚 / 045
香菜肺片 / 046
凉拌鱼丝 / 047
拌牛肚 / 048
猪腰拌生菜 / 049
拌虾米 / 050
萝卜拌鸡丝 / 051
酸辣鱿鱼卷 / 053
纯鲜墨鱼仔 / 054

第二章

腌泡的学问，酱卤的艺术

腌菜的制作 / 056
泡菜食材的洗涤和预处理 / 058
泡菜盐水的配制及分类 / 060
泡菜的食用艺术 / 062
卤菜制作的步骤与要领 / 063
双萝莴笋泡菜 / 066
云南泡菜 / 067
泡菜拼盘 / 068
辣泡双萝 / 069
爽脆心里美 / 070
柠檬藕片 / 071
菠萝苦瓜 / 072
黄瓜胡萝卜泡菜 / 073
泡黄瓜 / 074
泡猪尾 / 075
泡青萝卜 / 076
川味酱菜 / 077
牛肉泡菜 / 079
泡椒鸭肝 / 080
麻辣味泡鸡胗 / 081
川府老坛子 / 082
潮式腌黄沙蚬 / 083
卤汁豆腐干 / 084
茶香熏豆卷 / 085

美味鹌鹑蛋 / 086
潮式卤腩肉 / 087
川式卤水拼 / 088
台式脆卤肉 / 089
面饼酱肉拼盘 / 090
冷水猪肚 / 091
卤蹄髈 / 092
水晶肘子 / 093
东北酱猪手 / 094
卤汁牛肉 / 095
卤水牛舌 / 096
酱牛肉 / 097
酱羊蹄 / 098
风味卤羊肉 / 099
老干妈淋猪肝 / 100
香辣牛舌 / 101
扬州卤水鹅 / 102
红酱乳鸽 / 103
五香油虾 / 104
卤水冻鲜鱿 / 105
卤鸭肠 / 106

第三章

豆类菜，转换的艺术

豆类菜的制作技巧 / 108
豆制品怎么吃更好 / 110
红烧豆腐煲 / 112
秘制豆腐 / 113
奇味豆干 / 114
秘制铁板豆腐 / 115
煎炒豆腐干 / 117
老肉烧豆腐 / 118
鱼香豆腐 / 119
多宝豆腐 / 120
锦珍豆腐煲 / 121
开胃煎豆腐 / 122
农家大碗豆腐 / 123
芥菜豆腐羹 / 124
洛南豆腐干 / 125
蒜薹红椒炒豆干 / 127
蟹粉豆腐 / 128
毛家豆腐 / 129
素炒豆腐丝 / 130
辣椒炒香干 / 131
鸡汁豆干丝 / 132
烤干豆皮 / 133
豆皮卷 / 134
极品豆腐 / 135
五香豆腐丝 / 137
扬州煮干丝 / 138
飘香臭豆腐 / 139
苦瓜炒豆腐 / 140
老北京豆酱 / 141
千张夹肉煲 / 142
秘制卤豆腐卷 / 143
辣汁豆腐 / 144
脆皮五仁豆腐 / 145
豆乳碗蒸 / 146

第一章 ● 拌菜，形色的融合

凉拌菜的常见制法与调味料

凉菜，夏日消暑，冬日开胃，是四季都受欢迎的人气菜肴。凉菜不但料理方便，且制作方法多样、简便、快捷。在制作凉菜时调味料是非常讲究的，一般以甜咸为底味，辅以香辣对凉菜进行调味。以下是非常实用的凉菜的常见制作方法及几种调味料的做法。

1 凉菜的常见制作方法

拌

把生原料或凉的熟原料切成丁、丝、条、片等形状后，加入各种调味料拌匀。拌制凉菜具有清爽鲜脆的特点。

炝

先把生原料切成丝、片、丁、块、条等，用沸水稍烫一下，或用油稍滑一下，然后控去水分或油，加入以花椒油为主的调味品，最后进行掺拌。炝制凉菜具有鲜香味醇的特点。

腌

腌是用调味料将主料浸泡入味的方法。腌渍凉菜不同于腌咸菜，咸菜是以盐为主，腌渍的方法也比较简单，而腌渍凉菜要用多种调味料。腌渍凉菜口感爽脆。

酱

将原料先用盐或酱油腌渍，放入由食用油、糖、料酒、香料等调制的酱汤中，用旺火烧开后撇去浮沫，再用小火煮熟，然后用微火熬浓汤汁，涂在原料的表面上。酱制凉菜具有香味浓郁的特点。

卤

将原料放入调制好的卤汁中，用小火慢慢浸煮卤透，让卤汁的味道慢慢渗入原料里。卤制凉菜具有味醇酥烂的特点。

酥

将原料放在以醋、糖为主要调料的汤汁中，经小火长时间煨焖，使主料酥烂。

水晶

水晶也叫冻，它的制法是将原料放入盛有汤和调味料的器皿中，上屉蒸烂或放锅里慢慢炖烂，然后使其自然冷却或放入冰箱中冷却。水晶凉菜清澈晶亮、软韧鲜香。

2 凉菜调味料

葱油

家里做菜，总有剩下的葱根、葱的老皮和葱叶，这些你丢进垃圾筒的东西，原来竟是大厨们的宝贝。把它们洗净了，记住一定要晾干水分，与食用油一起放进锅里，稍泡一会儿，再开最小火，让它们慢慢熬煮，不待油开就关掉火，晾凉后捞去葱，余下的就是香喷喷的葱油了！

辣椒油

辣椒油跟葱油炼法一样，还可以采用一个更简单的办法：把干红椒切段（更利辣味渗出）装进小碗，将油烧热立马倒进辣椒里瞬间逼出辣味。在制辣椒油的时候放一些蒜，会得到味道更有层次的红油。

花椒油

花椒油有很多种做法，家庭制法中最简单的是把锅烧热后下入花椒，炒出香味，然后倒进油，在油面出现青烟前就关火，用油的余温继续加热，这样炸出的花椒油不但香，而且花椒也不容易煳。花椒有红、绿两种，用红色花椒炸出的味道偏香一些，而用绿色的会偏麻一些。另有一种方法，把花椒炒熟碾成末，然后加水煮，分化出的花椒油是很上乘的花椒油。

美味凉拌菜怎样“拌”

低油少盐、清凉爽口的凉拌菜，绝对是消暑开胃的最佳选择，但如何才能做出爽口开胃的凉拌菜呢？你掌握了这其中的诀窍了吗？下面为大家提供的这些诀窍会让你用最短的时间、最快的方式拌出一手美味佳肴。

1 选购新鲜材料

凉拌菜由于多数生食或略烫，因此首选新鲜材料，尤其要挑选当季盛产的材料，不仅材料便宜，滋味也较好。

2 事先充分洗净

在制作凉拌菜前要剪去指甲，并将手洗干净。制作前必须充分洗净蔬菜，最好放入淘米水中浸泡 20 ~ 30 分钟，可消除残留在蔬菜表面的农药。叶菜类要用开水烫后再食用。菜叶根部或菜叶中可能有沙石、虫卵，要仔细冲洗干净。

3 完全沥干水分

材料洗净或焯烫过后，务必完全沥干，否则拌入的调味酱汁味道会被稀释，导致风味不足。

4 食材切法一致

所有材料最好都切成一口可以吃进的大小，而有些新鲜蔬菜用手撕成小片，口感会比用刀切还好。

5 先用盐腌一下

例如小黄瓜、胡萝卜等要先用盐腌一下，再挤出适量水分，或用清水冲去盐分，沥干后再加入其他材料一起拌匀，不仅口感较好，调味也会较均匀。

6 酱汁要先调和

各种不同的调味料，要先用小碗调匀，最好能放入冰箱冷藏，待要上桌时再和菜肴一起拌匀。

7 冷藏盛菜器皿

盛装凉拌菜的盘子如能预先冰过，冰凉的盘子装上冰凉的菜肴，绝对可以增加凉拌菜的美味。

8 适时淋上酱汁

不要过早加入调味酱汁，因多数蔬菜遇咸都会释放水分，冲淡调味，因此最好准备上桌时再淋上酱汁调拌。

9 要用手勺翻拌

凉拌菜要使用专用的手勺或手铲翻拌，禁止用手直接搅拌。

10 餐具要严格消毒

制作凉拌菜所用的厨具要严格消毒，菜刀、菜板、擦布要生熟分开，不得混用。夏季气温较高，微生物繁殖特别快，因此，制作凉拌菜所用的器具如菜刀、菜板和容器等均应消毒，使用前应用开水烫洗。不能用切生肉和切其他未经烫洗过的刀来切凉拌菜，否则，前面的清洗、消毒工作等于白做。

11 调味品要加热

凉拌菜用的调味品、酱油、色拉油、花生油要经过加热。

12 火候要到位

凉拌菜有生拌、辣拌和熟拌之分。对原料进行加工时要注意火候，如蔬菜焯到半成熟时即可，卤酱和煮白肉时，要用微火，慢慢煮烂，做到鲜香嫩烂才能入味。一般生鲜蔬菜适合生拌，肉类适宜熟拌，辣拌则根据不同口味需要具体处理。

不同蔬菜的凉拌方法与配料

营养学的研究证明，生吃蔬菜能够保存菜里面的营养，因为蔬菜中一些人体必需的生物活性物质在55℃以上温度时，内部性质就会发生变化，营养就会损失。值得注意的是，并非所有蔬菜的凉拌方法都是一样的。

1 不同蔬菜的凉拌方法

适合生食的蔬菜

可生食的蔬菜多半有甘甜的滋味及脆嫩口感，因加热会破坏养分及口感，通常只需洗净即可直接调味、拌匀、食用。洗一洗就可生吃的蔬菜包括胡萝卜、白萝卜、番茄、黄瓜、柿子椒、大白菜心等。生吃最好选择无公害的绿色蔬菜或有机蔬菜。在无土栽培条件下生产的蔬菜，也

可以放心生吃。

生、熟食皆宜的蔬菜

这类蔬菜气味独特，口感脆嫩，常含有大量纤维物质。洗净后直接调拌生食，口味十分清鲜；若以热水焯烫后拌食，则口感会变得稍软，但还不致减损原味，如芹菜、甜椒、芦笋、秋葵、苦瓜、白萝卜、海带等。

须焯烫后食用的蔬菜

这类蔬菜以热水焯烫后即有脆嫩口感及清鲜滋味，再加调味料调拌即可食用。这些蔬菜分以下几类：一类是十字花科蔬菜，如西兰花、花椰菜等，这些富含营养的蔬菜焯过后口感更好，其中丰富的纤维素也更容易消化；第二类是含草酸较多的蔬菜，如菠菜、竹笋、茭白等，草酸在肠道内会与钙结合成难吸收的草酸钙，干扰人体对钙的吸收，因此，凉拌前一定要用开水焯一下，除去其中大部分草酸；第三类是芥菜类蔬菜，如大头菜等，它们含有一种叫硫代葡萄糖苷的物质，经水解后能产生挥发性芥子油，具有促进消化吸收的作用；第四类是马齿苋等野菜，焯一下能彻底去除尘土和小虫，又可防止过敏。

2 做凉拌菜必备的几大配料

食盐

食盐能提供菜肴适当咸度，增加风味，还能使蔬菜脱水，适度发挥防腐作用。

糖

糖能引出蔬菜中的天然甘甜，使菜肴更加美味。用以腌泡菜还能加速发酵。

冷开水可稀释调味及发酵后的浓度，适合直接生食的材料，以便确保卫生。

白醋

白醋能除去蔬菜根茎的天然涩味，腌泡菜时还有加速发酵的作用。

酒

酒通常用米酒、黄酒及高粱酒，主要作用为去腥，能加速发酵及杀死发酵后产生的不良菌类。

葱、姜、蒜

葱、姜、蒜味道辛香，能去除材料的生涩味或腥味，并降低泡菜发酵后的特殊酸味。

红辣椒、花椒

红辣椒、花椒与葱、姜、蒜的作用相当，但其更为刺激的独特辣味，是使许多凉拌菜令人开胃的重大“功臣”。

花椒腌拌后能散发出特有的“麻”味，是增添菜肴香气的必备配料。

拌凉菜的方法对营养的影响

凉拌菜的搭配食材多样，方法也五花八门，那么，怎样让拌出来的凉菜既营养全面又有利于人体对营养元素的吸收呢？请看以下的介绍。

1 拌

拌制菜肴具有清爽鲜脆的特点。如蔬菜沙拉、胶东四大拌、芥末鲜鱿等菜，加食醋有利于维生素C的保存；加放植物油有利于胡萝卜素的吸收；加放葱、蒜能提高维生素 B_1、维生素 B_2 的利用；若荤素搭配，则能有效地调节菜肴中营养素的数量和比例，起到平衡膳食的作用。

2 炝

炝制菜则具有鲜醇入味的特点，如炝西芹、炝腰片，由于加热时间短，能有效地保存西芹中的维生素和腰片中的B族维生素。

3 腌

腌制凉菜口味鲜嫩、浓郁。由于盐的渗透作用，易造成凉菜中水溶性的维生素和矿物质的流失。

4 酱

酱制菜肴具有味厚馥郁的特点，品种主要有酱油嫩鸡、杭州酱鸭、五香酱牛肉。由于长时间加热，原料中的蛋白质变性，氨基酸、有机酸、多肽类物质充分溶解出来，有利于风味的形成和消化吸收。

5 卤

卤制菜肴具有醇香酥烂的特点。其制品有卤肘子、卤牛肚、卤豆腐干、卤鸭舌。卤的原料大多是家畜、家禽、豆制品等蛋白质含量丰富的原料，因而卤水及成品滋味鲜美。

6 酥

酥的主要品种有稣鱼、酥排骨、酥海带，酸性条件下长时间加热有利于鱼和排骨中钙质的软化与吸收。

凉菜的 30 种调味汁的配制方法

凉菜在制作调味上是很讲究的，在制作凉菜时，若能掌握各种调味方法，不仅凉爽可口，营养丰富，而且还能增进食欲。常用的凉菜调味汁有以下 30 种。

1 盐味汁

以精盐、味精、香油加适量鲜汤调和而成，为白色成鲜味。适用于拌食鸡肉、虾肉、蔬菜、豆类等，如盐味鸡脯、盐味虾、盐味蚕豆、盐味莴笋等。

2 酱油汁

以酱油、味精、香油、鲜汤调和制成，为红黑色咸鲜味。用于拌食或蘸食肉类主料，如酱油鸡、酱油肉等。

3 虾油汁

用料有虾子、盐、味精、香油、绍酒、鲜汤。做法是先用香油炸香虾子，再加调料烧沸，为白色咸鲜味。用以拌食荤素菜皆可，如虾油冬笋、虾油鸡片。

4 蟹油汁

用料为熟蟹黄、盐、味精、姜末、绍酒、鲜汤。蟹黄用植物油炸香后加调料烧沸，为橘红色咸鲜味。多用以拌食荤料，如蟹油鱼片、蟹油鸡脯、蟹油鸭脯等。

5 蚝油汁

用料为蚝油、盐、香油，加鲜汤烧沸，为咖啡色咸鲜味。用以拌食荤料，如蚝油鸡、蚝油肉片等。

6 韭味汁

用料为腌韭菜花、味精、香油、精盐、鲜汤，腌韭菜花用刀剁成蓉，然后加调料鲜汤调和，为绿色咸鲜味。拌食荤素菜肴皆宜，如韭味里脊、韭味鸡丝、韭菜口条等。

7 麻叶汁

用料为芝麻酱、精盐、味精、香油、蒜泥。将麻酱用香油调稀，加精盐、味精调和均匀，为赭色咸香料。拌食荤素原料均可，如麻酱拌豆角、麻汁黄瓜、麻汁海参等。

8 椒麻汁

用料为生花椒、生葱、盐、香油、味精、鲜汤，将花椒、生葱同制成细蓉，加调料调和均匀，为绿色或咸香味。拌食荤食，如椒麻鸡片、野鸡片、里脊片等。忌用熟花椒。

9 葱油

用料为生油、葱末、盐、味精。葱末入油后炸香，即成葱油，再同其他调料拌匀，为白色咸香味。用以拌食禽、蔬、肉类原料，如葱油鸡、葱油萝卜丝等。

10 糟油

用料为糟汁、盐、味精，调匀后为咖啡色咸香味。用以拌食禽、肉、水产类原料，如糟油凤爪、糟油鱼片、糟油虾等。

11 酒味汁

用料为优质白酒、盐、味精、香油、鲜汤。将调料调匀后加入白酒，为白色咸香味，也可加酱油成红色。用以拌食水产品、禽类较宜，如醉青虾、醉鸡脯，以生虾最有风味。

12 芥末糊

用料为芥末粉、醋、味精、香油、糖。做法为用芥末粉加醋、糖、水调和成糊状，静置半小时后再加调料调和，为淡黄色咸香味。用以拌食荤素均宜，如芥末肚丝、芥末鸡皮薹菜等。

13 咖喱汁

用料为咖喱粉、葱、姜、蒜、辣椒、盐、味精、油。咖喱粉加水调成糊状，用油炸成咖喱浆，加汤调成汁，为黄色咸香味。调禽、肉、水产都宜，如咖喱鸡片、咖喱鱼条等。

14 姜味汁

用料为生姜、盐、味精、油。生姜挤汁，与调料调和，为白色成香味。最宜拌食禽类，如姜汁鸡块、姜汁鸡脯等。

15 蒜泥汁

用料为生蒜瓣、盐、味精、麻油、鲜汤。蒜瓣捣烂成泥，加调料、鲜汤调和，为白色。拌食荤素皆宜，如蒜泥白肉、蒜泥豆角等。

16 五香汁

用料为五香料、盐、鲜汤、绍酒。做法为鲜汤中加盐、五香料、绍酒，将原料放入汤中，煮熟后捞出冷食。最适宜煮禽内脏类，如盐水鸭肝等。

17 茶熏味

用料为精盐、味精、香油、茶叶、白糖、木屑等。做法为先将原料放在盐水汁中煮熟，然后在锅内铺上木屑、糖、茶叶，加篦，将煮熟的原料放篦上，盖上锅盖用小火熏，使烟剂凝结于原料表面。禽、蛋、鱼类皆可熏制，如熏鸡脯、五香鱼等。注意不可用旺火。

18 酱醋汁

用料为酱油、醋、香油。调和后为浅红色，为咸酸味型。用以拌菜或炝菜，荤素皆宜，如炝腰片、炝胗肝等。

19 酱汁

用料为面酱、精盐、白糖、香油。先将面酱炒香，加入糖、盐、清汤、香油后再将原料入锅靠透，为赭色咸甜型。用来酱制菜肴，荤素均宜，如酱汁茄子、酱汁肉等。

20 糖醋汁

以糖、醋为原料，调和成汁后，拌入主料中，用于拌制蔬菜，如糖醋萝卜、糖醋番茄等；也可以先将主料炸或煮熟后，再加入糖醋汁炸透，成为滚糖醋汁。多用于荤料，如糖醋排骨、糖醋鱼片。还可将糖、醋调和入锅，加水烧开，凉后再加入主料浸泡数小时后食用，多用于泡制蔬菜的叶、根、茎、果，如泡青椒、泡黄瓜、泡萝卜、泡姜芽等。

21 山楂汁

用料为山楂糕、白糖、白醋、桂花酱，将山楂糕打烂成泥后加入调料调和成汁即可。多用于拌制蔬菜果类，如楂汁马蹄、楂味鲜菱、珊瑚藕。

22 茄味汁

用料为番茄酱、白糖、醋，做法是将番茄酱用油炒透后加糖、醋、水调和。多用于拌熘荤菜，如茄汁鱼条、茄汁大虾、茄汁里脊、茄汁鸡片。

23 红油汁

用料为红辣椒油、盐、味精、鲜汤，调和成汁，为红色咸辣味。用以拌食荤素原料，如红油鸡条、红油鸡、红油笋条、红油里脊等。

24 青椒汁

用料为青辣椒、盐、味精、香油、鲜汤。将青椒切剁成蓉，加调料调和成汁，为绿色咸辣味。多用于拌食荤食原料，如椒味里脊、椒味鸡脯、椒味鱼条等。

25 胡椒汁

用料为白椒、盐、味精、香油、蒜泥、鲜汤，调和成汁后，多用于炝、拌肉类和水产原料，如拌鱼丝、鲜辣鱿鱼等。

26 鲜辣汁

用料为糖、醋、辣椒、姜、葱、盐、味精、香油。将辣椒、姜、葱切丝炒透，加调料、鲜汤成汁，为咖啡色酸辣味。多用于炝腌蔬菜，如酸辣白菜、酸辣黄瓜。

27 醋姜汁

用料为黄香醋、生姜。将生姜切成末或丝，加醋调和，为咖啡色酸香味。适宜于拌食鱼虾，如姜末虾、姜末蟹、姜汁肴肉等。

28 三味汁

由蒜泥汁、姜味汁、青椒汁三味调和而成，为绿色。用以拌食荤素皆宜，如炝菜心、拌肚仁、三味鸡等，具有独特风味。

29 麻辣汁

用料为酱油、醋、糖、盐、味精、辣油、麻油、花椒面、芝麻粉、葱、蒜、姜，将以上原料调和后即可。用以拌食主料，荤素皆宜，如麻辣鸡条、麻辣黄瓜、麻辣肚、麻辣腰片等。

30 糖油汁

用料为白糖、麻油，为白色甜香味。调后拌食蔬菜，如糖油黄瓜、糖油莴笋等。

凉菜拼盘方法

凉菜是筵席上首先与食客见面的菜品，故有“见面菜”或“迎宾菜”之称。制作凉菜拼盘，首先要了解凉菜拼盘的基本知识和具体操作步骤。传统的凉菜拼盘有双拼、三拼、四拼、五拼、什锦拼盘、花色冷拼六种不同的形式，而制作拼盘时都要经过垫底、围边、盖面三个步骤。现分别详述如下。

1 双拼

双拼就是把两种不同的凉菜拼摆在一个盘子里。它要求刀工整齐美观，色泽对比分明。其拼法多种多样，可将两种凉菜一样一半摆在盘子的两边；也可以将一种凉菜摆在下面，另一种盖在上面；还可将一种凉菜摆在中间，另一种围在四周。

2 三拼

三拼就是把三种不同的凉菜拼摆在一个盘子里，做这种拼盘一般选用直径 24 厘米的圆盘。三拼不论凉菜的色泽要求和口味搭配，还是在装盘的形式上，都比双拼要求更高。三拼最常用的装盘形式，是从圆盘的中心点将圆盘分成三等份，每份摆上一种凉菜；也可将三种凉菜分别摆成内外三圈，等等。

3 四拼

四拼四拼的装盘方法和三拼基本相同，只不过增加了一种凉菜而已。四拼一般选用直径 33 厘米的圆盘。四拼最常用的装盘形式，是从圆盘的中心点将圆盘划分成四等份，每份摆上一种凉菜；也可在周围摆上三种凉菜，中间再摆上一种凉菜。四拼中每种凉菜的色泽和味道都要间隔开来。

4 五拼

五拼，也称中拼盘、彩色中盘，是在四拼的基础上再增加一种凉菜。五拼一般选用 38 厘米圆盘。五拼最常用的装盘形式，是将四种凉菜呈放射状摆在圆盘四周，中间再摆上一种凉菜；也可将五种凉菜均呈放射状摆在圆盘四周，中间再摆上一个食雕作装饰。

5 什锦拼盘

什锦拼盘就是把多种不同色泽、不同口味的凉菜拼摆在一只大圆盘内。什锦拼盘一般选用直径 42 厘米的大圆盘。什锦拼盘要求外形整齐美观，刀工精巧细腻，拼摆角度准确，色泽搭配协调。什锦拼盘的装盘形式有圆、五角星、九宫格等几何图形，以及葵花、大丽花、牡丹花、梅花等花形，从而形成一个五彩缤纷的图案，给食者以心旷神怡的感觉。

6 花色冷拼

花色冷拼是一种技术要求高、艺术性强的拼盘形式，其操作程序比较复杂，故一般只用于高档席桌。花色冷拼要求主题突出，图案新颖，形态生动，造型逼真，食用性强。要制作好凉菜的拼盘，首先便要练好制作凉菜的基本功。一是要掌握好各种凉菜的烹制方法。只有做好了这些凉菜菜肴，才能够为制作凉菜拼盘提供合格的原料；二是要具有娴熟的刀工技法。凉菜拼盘的原料，大都是加工制熟以后再进行切配，因此具有一定的难度，对刀工技法的要求甚高。只有掌握好各种刀工技法，才能够切配出符合要求的拼盘原料来。

凉拌芦笋

材料

芦笋300克，金针菇200克，红椒少许

调料

盐2克，醋、酱油、香油、葱各适量

做法

1 芦笋洗净，对半切段；金针菇洗净；红椒、葱洗净切丝。
2 芦笋、金针菇入沸水中焯熟，摆盘，撒入红椒丝和葱丝。
3 净锅加适量水烧沸，倒入酱油、醋、香油、盐调匀，淋入盘中即可。

拌空心菜

材料

空心菜 400 克，红辣椒、蒜各适量

调料

盐 2 克，香油 5 克，红油 8 克，醋 10 克

做法

1 空心菜洗净；红辣椒洗净，切段；蒜洗净，切成碎末。

2 锅内注水，置于火上煮沸时，放入空心菜焯熟，捞出装入盘中。

3 向盘中加入盐、香油、红油、醋、红辣椒段、蒜末拌匀即可。

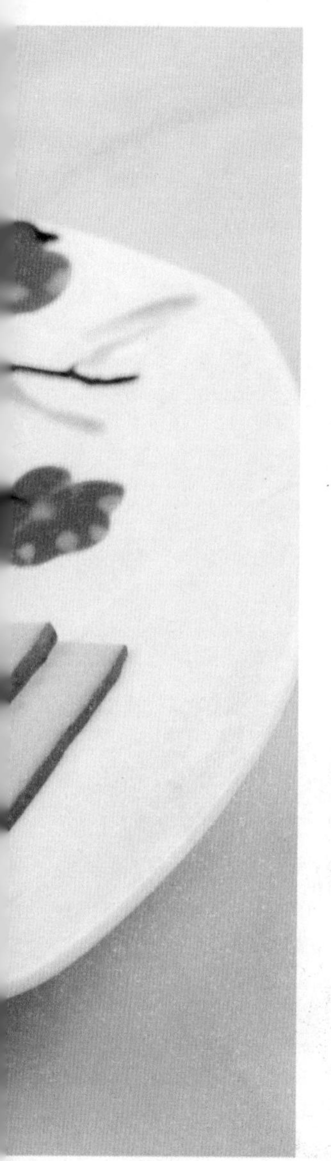

凉拌天目笋干

材料

天目笋干 250 克，黄瓜 150 克

调料

盐 3 克，香油适量

做法

1 天目笋干泡发洗净，切成条状；黄瓜洗净，切大片，铺在盘底。

2 净锅上火，倒入适量清水煮沸，放入笋干焯熟，捞出沥干水分。

3 笋干加盐、香油拌匀后摆在黄瓜片上。

巧拌三丝

材料

金针菇 150 克，莴笋、青红椒丝各少许

调料

盐、香油各适量

做法

1 将金针菇洗净待用；莴笋洗净切丝。

2 将金针菇、莴笋丝、青辣椒丝、红辣椒丝放在沸水中焯熟，捞出待用。

3 将金针菇装入盘中，将盐和香油搅拌均匀淋在金针菇上，撒上莴笋丝、青红椒丝即可。

花生拌菠菜

材料

菠菜300克，花生米50克

调料

盐、味精各3克，香油适量

做法

1 菠菜去根洗净，入开水锅中焯水后捞出沥干；花生米洗净。

2 油锅烧热，下花生米炸熟。

3 将菠菜、花生米同拌，调入盐、味精拌匀，淋入香油即可。

芥辣拌双豆

材料

青豆角 100 克，红豆角 100 克，彩椒 10 克，蒜 5 克

调料

盐 3 克，鸡精粉 2 克，麻油 5 克，芥辣 4 克

做法

1 红、青豆角洗净，择去头尾，切段；蒜去皮剁蓉；彩椒去蒂切丝。

2 净锅上火，加适量水，放少许油、盐，水沸后下豆角，焯熟，捞出过冰水约 3 分钟后，用干毛巾包住吸干水分，盛入碗里。

3 调入所有调料，装盘即可食用。

葱白拌双耳

材料

水发黑木耳 100 克，水发银耳 150 克，葱白 50 克

调料

花生油 50 克，盐 5 克，味精 2 克，白糖 1 克

做法

1 将炒锅置火上，放入花生油，烧热，把切成小段的葱白投入，改用小火，用手勺不断翻炒，待其色变深黄后，连油盛在小碗内，冷却后即成葱油。

2 将黑木耳和银耳放在一起，用开水烫泡一下后，捞出，切成小块。

3 装入盘内，加入盐、糖、味精拌匀，再倒入葱油，拌匀即成。

核桃仁拌木耳

材料

核桃仁250克，水发木耳150克，青、红椒各20克

调料

盐、味精各3克，香油适量

做法

1 木耳洗净，撕成小片；青、红椒均洗净，切菱形片。

2 将木耳与青、红椒分别入开水锅中焯水后，捞出沥干。

3 将备好的材料加核桃仁同拌，调入盐、味精拌匀，再淋入香油即可。

葱油西芹

材料

西芹500克，红辣椒30克，葱油20克

调料

盐3克，味精3克，香油10克

做法

1 将西芹去叶，洗净，切成斜段，放入开水中焯熟，捞出沥干水。

2 红辣椒洗净切小块，放入沸水中焯熟后，捞起沥干水，与西芹一起装盘摆放好。

3 把调味料一起放碗中，调匀成调味汁，再淋在西芹和红辣椒上即可。

拌五色时蔬

材料

胡萝卜150克，心里美萝卜200克，黄瓜150克，凉皮200克，香菜少许，肉丝适量

调料

盐、味精各3克，醋适量

做法

1 胡萝卜洗净，切丝；心里美萝卜去皮洗净，切丝；黄瓜洗净，切丝；香菜洗净。

2 将胡萝卜、心里美萝卜、黄瓜、凉皮、肉丝分别放入水中焯熟。

3 把调味料调匀，与原材料一起装盘拌匀即可。

炝拌茼蒿

材料

茼蒿 400 克

调料

盐 4 克，味精 2 克，生抽 8 克，干辣椒、香油各适量

做法

1 茼蒿洗净备用，干辣椒洗净，切段。将茼蒿放入开水中稍烫，捞出，沥干水分。

2 将干辣椒入油锅中炝香后，加盐、味精、生抽炒匀，淋在茼蒿上拌匀，即可。

椒葱拌金针菇

材料

金针菇 300 克，红椒 20 克，葱丝 10 克

调料

盐 5 克，香油少许，醋 10 克，味精少许

做法

1 金针菇洗净；红椒洗净，切成丝状。

2 将金针菇放入沸水中烫至断生，捞出，凉凉沥干，盛盘。

3 盘中加入红椒丝、葱丝、盐、香油、醋、味精，拌匀即可。

泡椒黄豆芽

材料

黄豆芽 250 克，泡红椒 30 克

调料

葱 20 克，盐、味精各 3 克，醋 10 克

做法

1 黄豆芽去头尾，洗净，入开水中焯后捞出沥干水分。
2 葱洗净，切长段；泡红椒洗净，切丝。
3 将黄豆芽、泡红椒丝、葱调入盐、味精、醋拌匀即可。

西北拌菜

材料

紫包菜、绿包菜、小白菜各 150 克，花生米 50 克

调料

盐 4 克，味精 2 克，生抽 10 克，醋 15 克，甜椒、芝麻各 20 克

做法

1 紫包菜、绿包菜洗净，撕成小块；甜椒洗净，切成块；小白菜洗净，装盘。

2 紫包菜、绿包菜、甜椒入锅焯烫，捞出装盘；花生米入锅炸熟，捞出装盘。

3 将所有调料倒入盘中，拌匀即可。

拌笋丝

材料

莴笋200克，胡萝卜50克

调料

盐3克，味精2克，香油5克

做法

1 莴笋、胡萝卜洗净，切成细丝备用。

2 锅中注水，待水开后分别放入莴笋丝和胡萝卜丝焯烫，捞出沥水。

3 摆入盘中，调入盐、味精、香油拌匀，即可食用。

鲍汁扒笋尖

材料

笋尖300克，鸡、龙骨各100克，鸡油20克，赤肉80克，火腿50克

调料

盐5克，味精3克，鸡粉8克，香油2克，糖4克，鲍鱼汁50克

做法

1 将鸡、火腿、鸡油、赤肉、龙骨放入锅内加上开水，用慢火熬2个小时熬成高汤。

2 将笋尖切好，放入锅中焯水，装盘，再淋上鲍鱼汁。

3 再调入盐、味精、鸡粉、香油等调味料，拌匀即可。

沪式小黄瓜

材料

小黄瓜 500 克，红辣椒 10 克

调料

糖、盐、味精各 5 克，香油 20 克，蒜头 15 克

做法

1 小黄瓜洗净，切成小块，装盘待用。

2 蒜头去皮洗净剁成蒜蓉，辣椒洗净切末。

3 将蒜蓉与辣椒末、糖、盐、味精、香油一起拌匀，浇在黄瓜上，再拌匀即可。

爽口瓜条

材料

冬瓜 150 克

调料

白糖 5 克，醋 10 克，橙汁 25 克，蜂蜜 8 克

做法

1 冬瓜洗净，剖开，去瓤，切成小段，放入水中焯一下。

2 白糖、醋、橙汁拌匀盛盘中，放入冬瓜腌 1 个小时，捞出，沥干水分，装盘。

3 蜂蜜加温水调匀，淋在冬瓜上即可。

东北大拉皮

材料

拉皮、心里美萝卜、黑木耳、胡萝卜、黄瓜各适量

调料

红尖椒碎 20 克，葱花 20 克，盐 5 克，香油 20 克，味精 3 克，香醋 10 克

做法

1 拉皮洗净；心里美萝卜、黄瓜、黑木耳、胡萝卜均洗净切丝。

2 心里美萝卜、黑木耳、胡萝卜焯熟，沥干，装盘。

3 撒上红尖椒碎和葱花，把其他调味料放进碗中拌匀用作蘸料。

酸辣蕨根粉

材料

蕨根粉 250 克，花生米 100 克

调料

葱 30 克，红辣椒 20 克，醋、香油、红油各 10 克，盐 5 克，味精 2 克

做法

1 蕨根粉泡发洗净，入沸水中焯熟，再放入凉水中冷却，沥干装盘。
2 红辣椒洗净切圈。
3 锅烧热下油，下椒圈、葱花、拍碎的花生仁翻炒，盛出与醋、香油、红油、盐、味精等调味料拌匀。
4 淋在蕨根粉上即可。

蒜泥白肉

材料

猪臀肉 500 克，蒜泥 25 克，姜少许

调料

酱油、辣油各 20 克，白糖 2 克，清汤、香醋各 5 克，盐 1 克，味精 4 克，白酒少许

做法

1 猪臀肉洗净。

2 锅上火，加入适量清水，放入少许白酒、姜，水沸后下猪臀肉，氽熟捞出，沥干，切成薄片，整齐地装入盘内。

3 小碗内放入蒜泥、酱油、糖、盐、味精、辣油、清汤，调匀后，浇在白肉片上面即成。

猪肝拌豆芽

材料

新鲜猪肝、绿豆芽各100克，海米5克，鲜姜10克

调料

酱油、白糖各5克，盐、醋各3克

做法

1 猪肝洗净，切成薄片；绿豆芽择去根洗净备用；海米用开水泡软。

2 锅中加入水、盐烧开，将猪肝和绿豆芽焯熟后捞出，装入盘内。

3 将切好的猪肝片加入酱油、白糖、盐、醋等调味料腌渍入味，加入豆芽，撒上海米即可。

猪肝拌黄瓜

材料

猪肝 300 克，黄瓜 200 克

调料

香菜 20 克，盐、酱油、醋、味精、香油各适量

做法

1 黄瓜洗净，切小条；香菜择洗干净，切 2 厘米长的段。

2 猪肝洗净切小片，放入开水中汆熟，捞出后冷却、控净水。

3 将黄瓜摆在盘内垫底，放上猪肝，调入酱油、醋、盐、味精、香油，撒上香菜段，食用时拌匀即可。

酸菜拌肚丝

材料

熟猪肚 300 克，酸菜 100 克，青、红椒各 40 克

调料

香菜 10 克，大葱、生姜、醋、香油各 5 克，盐 3 克，味精 1 克

做法

1 将熟猪肚切丝，放入盘中。
2 酸菜洗净，切丝，放入凉开水中稍泡，捞出，挤净水分，放入盘内。香菜、大葱、生姜、青红辣椒均洗净，切成细丝，放入盘中。
3 将盐、醋、味精、香油倒入碗内，调成汁，浇在盘中的菜上，一起拌匀即可。

沙姜猪肚丝

材料

猪肚 250 克，沙姜、葱段各 10 克，生姜末 4 克，蒜蓉 3 克

调料

橘皮、果皮各 5 克，草果、酱油、花雕酒、麻油、辣椒油各 4 克，花椒油少许

做法

1 锅上火注水，加入果皮、八角、草果、花雕酒、橘皮、沙姜、葱段，待水沸，下入猪肚，煮沸后，转小火煲至猪肚熟，捞出。

2 冲凉水洗净后，猪肚切成丝，装入碗里。

3 调入生姜末、盐、酱油、蒜蓉、辣椒油、沙姜末、麻油、花椒油各少许，拌匀，装盘即可。

凉拌爽肚

材料

猪肚尖 450 克，红椒丝 10 克，青椒丝 10 克，香菜段 10 克

调料

麻油 10 克，盐、味精、鸡精各 2 克，花生油 25 克，生抽 5 克，胡椒少许

做法

1 先将猪肚尖洗净、切片，放入锅中用开水焯 30 分钟，焯至刚熟捞起，用布吸干水。

2 青、红椒丝用开水稍烫一下，捞起放入吸干水的猪肚中，再加入香菜段。

3 猪肚中加入所有调味料，搅匀，最后加入花生油拌匀，装碟即可。

香菜肺片

材料

牛肺 250 克，熟花生米、香菜、熟芝麻各适量

调料

盐 3 克，味精 1 克，醋 8 克，老抽 10 克，红油 15 克

做法

1 牛肺洗净，切片；熟花生米捣碎；香菜洗净。

2 锅内注水烧沸，放入牛肺汆熟后，捞起凉干并装入盘中。

3 将盐、味精、醋、老抽、红油调成汁备用。

4 将味精浇在装肺片的盘中，再撒上熟花生米、熟芝麻、香菜即可。

凉拌鱼丝

材料

鱼肉300克，黄瓜100克

调料

香菜8克，红椒10克，盐3克，料酒、醋、香油、鸡精各适量

做法

1 鱼肉、黄瓜、红椒分别洗净，切丝；香菜洗净，切段备用。

2 把鱼肉、黄瓜、红椒放入沸水中焯烫1~2分钟，捞出再放入凉开水中凉透，捞出沥干水后入盘备用。

3 盘中放入香菜，加盐、醋、料酒、香油、鸡精，拌匀即成。

拌牛肚

材料

熟牛肚 200 克，胡萝卜 5 克

调料

大葱 20 克，香菜 5 克，味精 2 克，胡椒粉 3 克，香醋、辣椒油、香油各适量

做法

1 将熟牛肚、大葱、胡萝卜均洗净，切成丝；香菜择洗干净，切成段，备用。

2 将熟牛肚、大葱、胡萝卜、香菜倒入碗内，调入味精、胡椒粉、香醋、辣椒油、香油拌匀即成。

猪腰拌生菜

材料

猪腰 200 克，生菜 100 克

调料

盐、味精、酱油、醋、香油各适量

做法

1 将猪腰片开，取出腰筋，横过斜刀片成梳子薄片。

2 将腰片用开水焯至断生捞出，放入凉水中冷却，沥干水分待用。

3 生菜摘去老叶洗净，沥干水，切成 3 厘米长的段备用。

4 将猪腰和生菜装入碗内，将所有调味料兑成汁，浇入碗内拌匀即成。

拌虾米

材料

虾米 100 克，红椒 20 克，西芹适量

调料

姜 10 克，盐 5 克，鸡精 2 克，葱 10 克

做法

1 将红椒洗净，切小片，姜洗净切片，葱洗净切圈；西芹洗净切丁；虾米洗净。
2 锅加热，下入虾米炒香后，取出装碗。
3 在虾米碗内加入红椒片、姜片、葱、西芹及其余调味料，一起拌匀即可。

萝卜拌鸡丝

材料

鸡胸肉300克，胡萝卜、金针菇各100克

调料

蒜瓣6克，香油、醋各5克，盐3克

做法

1 将鸡胸肉洗净煮熟，凉透后撕成丝，放入碗内。
2 将胡萝卜洗净，切成丝，放入鸡丝碗内；金针菇洗净，下入沸水锅中焯熟，捞出，沥净水，也放入鸡丝碗内。
3 将蒜瓣去皮，洗净剁成泥，加入香油、盐、醋各适量，调成料汁，浇在菜上，拌匀即成。

酸辣鱿鱼卷

材料

鱿鱼 400 克，大蒜 10 克，红辣椒、葱、姜各 5 克

调料

糖、白醋、酱油、香油各 5 克

做法

1 鱿鱼洗净，去除外膜，先切交叉刀纹，再切片，放入滚水中汆烫至熟，捞出沥干。

2 姜去皮洗净，大蒜去皮，红辣椒去蒂洗净，全部切末后放入小碗中，加入调味料拌均匀，做成五味酱备用。

3 将鱿鱼卷盛入盘中，淋上五味酱，即可上桌。

纯鲜墨鱼仔

材料

墨鱼仔 200 克，圣女果适量

调料

盐、醋、味精、生抽、料酒各适量

做法

1 墨鱼仔洗净；圣女果洗净，切小块待用。

2 锅内注水烧沸，放入墨鱼仔稍汆后，捞出沥干并装入碗中。

3 加入盐、醋、味精、生抽、料酒拌匀后，排于盘中，用圣女果点缀即可。

第二章 •

腌泡的学问，酱卤的艺术

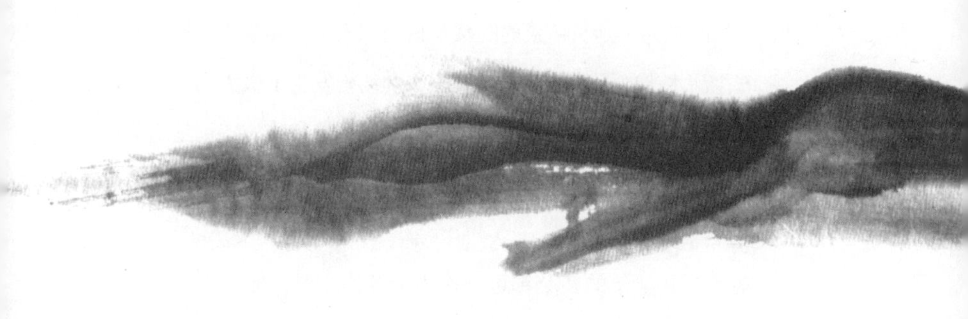

腌菜的制作

腌菜是一种开胃的大众食品，广泛受到人们的喜爱。它不仅可以调节口味，还能增进食欲。特别是腌菜还具有助消化、消油腻、调节脾胃等作用。了解一些腌菜的常识，这对于我们做出好吃的腌菜是很有帮助的。

1 腌菜的定义

腌菜是一种利用高浓度盐液、乳酸菌发酵来保存蔬菜，并通过腌制增进蔬菜风味的发酵食品。泡菜、榨菜都属腌菜系列。

蔬菜腌制是一种古老的蔬菜加工贮藏方法，不论在我国还是国外都有着悠久的历史。由于其加工方法简便，设备简单，所用原料可就地取材，故在不同地区形成了许多独具风格的风味产品，如山西什锦酸菜、重庆涪陵榨菜、四川冬菜、江苏扬州酱萝卜干、北京八宝酱菜、贵州独酸菜等。在生活水平相对落后的年代，腌制蔬菜主要为家庭式自制自食，其目的是为了延长蔬菜的贮藏及食用期来弥补粮食的不足。近年来，随着生活水平的不断提高，人们的饮食结构发生了极大的变化，我们食用腌菜已不再是为了解决温饱，而是为了调节口味，特别是腌菜具有的助消化、消油腻、调节脾胃等作用为人们所青睐。

2 如何选择腌菜原料

一般来说，上市的蔬菜都可以作为腌菜的原料，但由于蔬菜的品种、质量不同和上市的季节等关系，必须进行选择。一般应挑选新鲜、脆嫩、肉质紧密、粗纤维较少、无病虫害、匀称、光净的蔬菜作为腌菜的原料。

3 腌菜的用具及贮存

加工制作腌菜选择适当场所及合适工具，对保证成品质量、延长贮存时间有着重要作用。家庭腌菜一般选用容量适宜的缸、坛、罐、瓶、盆等，要根据加工品种、数量及保存时间和要求选择。一般以陶瓷、搪瓷、玻璃器皿为好，不宜选用金属和塑料器皿，否则会使腌制品变质，甚至产生对人体有害的物质。

腌菜要放在清洁干燥和阴凉通风处贮存。温度应保持在 5℃ ~ 20℃，温度过高，利于细菌的生长，易使腌菜腐败变质；温度过低，易使腌菜受冻变味。

4 腌菜调料的选择

食盐可分为海盐、井盐、岩盐和湖盐四大类，腌菜一般选用大粒海盐为好，加工小菜一般选用精盐。除食盐外，腌菜调料还有酱油、食醋、味精、食糖、糖精、辣椒、花椒、八角、芥末、虾油等。

5 制作腌菜的注意事项

（1）别沾生水。

（2）别用热水，一定放凉了用。

（3）别沾油。

（4）环境温度低点，比如20℃以下，否则要多放盐。

（5）挑选腌菜要新鲜、无损伤；菜缸要洗净；用盐要充分；温度低，干湿适宜，适当密封。

泡菜食材的洗涤和预处理

好的开始是成功的一半，泡菜在制作前的原料处理环节，可是泡制成功的先决条件。

蔬菜的洗涤

做泡菜的食材人们多数情况下都会选择蔬菜，蔬菜的洗涤和预处理很关键。蔬菜大多直接源于土壤，带菌量高，洗涤可以除去其表面泥沙、尘土、微生物及残留农药。在洗涤时要用符合卫生标准的流动清水。

新鲜蔬菜经过充分洗涤后，应进行整理，凡不适用的部分如粗皮、粗筋、须根、老叶以及表皮上的黑斑烂点，均应一一剔除干净。

对蔬菜一般不进行切分，但体形过大者仍以适当切分小块为宜（一定忌用锈刀）。例如：胡萝卜、萝卜等根菜类切成5厘米长、0.5厘米厚的片；芹菜去叶、去老根，切成4厘米长的小段；莴笋削去老皮，斜刀切成5厘米长、0.5厘米厚的薄片；大白菜、圆白菜，去掉外帮老叶和根部，切成3厘米见方的块；黄瓜洗净，斜刀切成0.5厘米厚的薄片；刀豆、豇豆、菜豆等去掉老筋，洗净，切成4厘米长的小段等。然后，将加工好的菜摊放在簸箕内晾晒，期间要适时翻动将浮水完全晒干。

蔬菜的日晒程度要服从于泡制时间及品种的需要。如萝卜、豇豆、青菜、蒜薹等，洗干净后，在阳光下将它们晒制稍蔫，再进行处理、泡制，这样成菜既脆健、味美、不走籽（豆角），久贮也不易变质。又如泡圆白菜等，因其所需时间短，只需在阳光下晾干或沥干洗菜时附着的水分，即可预处理、泡制，这样有利于保持其本味、鲜色。

蔬菜的预处理

菜的预处理就是在蔬菜装坛泡制前，先将蔬菜置于25%的食盐水中，或直接用盐进行腌渍。

在盐水的作用下，追出蔬菜所含的过多水分，渗透部分盐味，以免装坛后降低盐水与泡菜的质量。同时，腌有灭菌之功，使盐水和泡菜既清洁又卫生。

绿叶类蔬菜含有较浓的色素，预处理后可去掉部分色素，这不仅利于它们定色、保色，而且可以消除或减轻对泡菜盐水的影响。

有些蔬菜，如莴苣、圆白菜、红萝卜等，含苦涩、土臭等异味，经预处理可基本上将异味除去。

蔬菜由于四季生长条件、品类、季节和可食部分不同，质地上也存在差别。因此，选料及掌握好预处理的时间、咸度，对泡菜的质量影响极大。如青菜头、莴笋、圆白菜等，细嫩脆爽、含水量高、盐易渗透；同时这类蔬菜通常仅适合边泡边吃，不宜久贮。所以在预处理时咸度应稍低一些。而辣椒、黄瓜等，用于泡制的一般质地偏老，其含水量低，受盐渗透和泡成均较缓慢；加之此类品种又适合长期贮存，故预处理时咸度稍高一些。当然，也可以依据个人的口味，在不影响泡菜制作的基础上，酌量增减盐分的含量，做出最符合自己口味的泡菜。

泡菜盐水的配制及分类

泡菜的制作看似简单，却有许多细节是需要注意的。比如所有泡菜都需要的一个制作环节——泡盐水。

盐水的配制

井水和泉水是含矿物质较多的硬水，用以配制泡菜盐水，效果最好，因其可保持泡菜成品的脆性。硬度较大的自来水亦可使用。

为了增强泡菜的脆性，可以在配置盐水时酌加少量的钙盐，如氯化钙按 0.05% 的比例加入，其他如碳酸钙、硫酸钙和磷酸钙均可使用。如果像生石灰，可按 0.2% ~ 0.3% 的比例配成溶液先浸泡原料，经短时间浸泡取出清洗后再用盐水泡制，亦可有效地增加其脆性。

食盐宜选用品质良好，含苦味物质如硫酸镁、硫酸钠及氯化镁等少、而氯化钠含量至少在 95% 以上者为佳。

我们常用的食盐有海盐、岩盐、井盐。最宜制作泡菜的是井盐，其次为岩盐。目前，市面上销售的食盐均可用来制作泡菜。

泡菜盐水的含盐量因不同地区和不同的泡菜种类而异，5% ~ 28%不等。通常的情况是，按自己的习惯口味定。泡菜盐水的制作方法相差也很大，四川泡菜的盐水制作十分精细，而其他地区相比之下则不大考究，这也是形成风格迥然不同的泡菜谱系的重要因素之一。

泡菜盐水又分为“洗澡盐水”“新盐水”“老盐水”“新老混合盐水”。

洗澡盐水

洗澡盐水是指需要边泡边吃的蔬菜使用的盐水。它的配置比例是：冷却的沸水 100 克，加井盐 28 克，再掺入老盐水并使其在新液中占25% ~ 30% 的体积以调味接种，并根据所泡的蔬菜酌加作料、香料。一般取此法成菜，要求时间快、断生即食，故盐水咸度稍高。

新盐水

新盐水是指新配制的盐水。其比例（重量）是：冷却的沸水 100 克，加井盐 25 克，再掺入老盐水并使其在新液中占 20%~30% 的体积，并根据所泡的蔬菜酌加佐料、香料。

老盐水

老盐水是指两年以上的泡菜盐水，多用于接种。将其与新盐水配合又称母子盐水。该盐水内应常泡一些蒜苗秆、辣椒、陈年青菜与萝卜等，并酌加香料、作料，使其色、香、味俱佳。但由于配制、管理诸方面的原因，老盐水质量也有优劣之别。色、香、味均佳者为一等老盐水；曾一度轻微变质，但尚未影响盐水的色、香、味，经救治而变好者为二等老盐水；不同类型、等级的盐水掺和在一起者为三等老盐水。

用于接种的盐水，一般宜取一等老盐水或人工接种乳酸菌或加入品质良好的酒曲。含糖分较少的原料还可以加入少量的葡萄糖以加快乳酸发酵。

新老混合盐水

新老混合盐水是将新、老盐水按各占 50% 的比例混合而成的盐水。

一些家庭开始制作泡菜时，可能找不到老盐水或者乳酸菌。在这种情况下仍可按要求配制新盐水制作泡菜，只是头几次泡菜的口味较差，随着时间推移和精心调理，泡菜盐水将会达到满意的要求和风味。

泡菜的食用艺术

泡菜是一种配菜，但是它却可以有许多不同的食法来满足人们不同的饮食需求。

泡菜的食用方法可分为本味和味的变化两类。若细分则为：本味、拌食、烹食、改味四种。

本味

一般说来，泡什么味就吃什么味，这是最基本的食用方法。如甜椒取咸香酸甜味，子姜取微辣味。

拌食

在保持泡菜本味的基础上，视菜品自身特性或客观需要，再酌加调味品拌之。这种食法也较常用。但拌食的好坏，关键在于所加调味品是否恰当。如泡牛角椒，它已具有辛辣的特性，就不宜再加红油、葱、花椒等拌食；而泡萝卜、泡青菜头加红油、花椒末等，其风味则又别具一格。

烹食

按需要将泡菜经刀工处置后烹食，这只适用于部分品种，并有素烹、荤烹之别。如泡萝卜、泡豇豆等，既可同干红辣椒、花椒、蒜薹炝炒，又可与肉类合烹。而泡菜鱼、泡菜鸭、酸菜鸡丝汤等更是脍炙人口。

改味

将已制成的泡菜，放入另一种味的盐水内，使其具有所需复合味。此属应急之法，特殊情况才可使用，但由于加工时间短促，效果远不及直接泡制的好。

泡菜食用量的掌握

泡菜食用量的掌握原则是，根据家庭成员的数量及喜好程度，能食用多少，就从泡菜坛内捞出多少。没食用完的泡菜不能再倒入坛内，以防坛内泡菜变质。

卤菜制作的步骤与要领

卤是中国菜一种常用的烹调方法，多适用于冷菜的制作，一般是指经加工处理的大块或完整原料，放入已多次使用的卤汁中加热煮熟，使卤汁的香鲜滋味渗透入原料内的烹调方法。调好的卤汁可长期使用，而且越用越香。那么，怎样才能制作出美味的卤菜呢？

1 卤水的分类

卤水分为两大类：红卤和白卤。其味型基本相同，属复合味型，味咸鲜，具有浓郁的五香味（所用味料、香料基本相同）。

红卤，加糖色卤制的食品呈金黄色（咖啡色，如卤牛肉；金黄色，如卤肥肠等）。

白卤，不加糖色卤制食品呈无色或者本色（白卤鸡、白卤牛肚等）。

2 卤菜制作的注意事项

首先，卤水制成后，要先卤制鸡、鸭，这样可增强卤水香味；其次，卤菜原料要整块放入，这样容易卤透，入味，食用时再剁块、切片，装饰装盘，这样可保持肉菜新鲜可口；再次，卤菜要冷却后再切，这样容易成形；最后，未吃完的卤菜要置冰箱内冷藏，食用时应放入卤水里热透再食。

3 卤前预制

大部分动物性原料在卤制前都得经过预制。因为有的原料带有不少血污，有的原料有较重的异味。

氽水是卤制前排污除味的常用方法。所谓氽水，即将生鲜原料投入水锅内加热，烧至原料半熟或刚熟，捞出再卤制。特别是对异味较大的牛羊肉、内脏、野味等原料，水量要大，冷水下锅，原料随着水温的逐渐增高，内部的血污、腥味便慢慢排出，还可适量加入葱、姜、料酒等调味品以去腥增香。

另有一部分原料为了使其卤制后色泽红润、香透里肌、味深入骨，卤制前要用盐渍或稍腌。如卤牛肉，由于原料异味重，肌肉结构紧密，质地硬实，结缔组织较多，受热后蛋白质凝固得也较坚硬，短时间内难以入味，故须用盐腌渍，即牛肉改刀后，加入适量的盐、姜、葱腌渍一段时间再入锅卤制。

4 卤中烧煮

原料进入卤锅卤制后，除了添加适量的调味料外，关键是要掌握卤制的火候。在火力运用上，一般是原料下锅时用大火，烧开后转入中、小火或微火，使卤汁始终保持微沸状态。这样做的目的是防止原料制成后外熟里生、外酥里硬。如果一味用旺火，卤汁激烈沸腾，原料反而不易熟，且易使肉质老化。

另外，卤汁沸腾时不断溅在锅壁上，形成薄膜焦化后落入汤中，黏附在原料上，影响成品的质量。旺火还会造成卤汁大量汽化而较快损耗，影响卤水的长期利用。在加热时间控制上，应根据原料的不同质地和大小、投料多少与先后具体掌握，如鸡、鸭、猪肉类需 1 ～ 2 小时，以筷子能戳入为准；牛肉、猪肚类则需更长时间才能卤透。

双萝莴笋泡菜

材料

胡萝卜、莴笋、心里美萝卜各 200 克

调料

泡椒、盐、红糖、白酒各 20 克，子姜、
老姜各 10 克，白醋 50 克

做法

1 泡椒洗净去蒂；姜去皮洗净切块；胡萝卜、莴笋、心里美萝卜分别洗净，切丝。

2 凉开水注入坛中，在坛沿内放水；将各种原材料放入坛内用盖子盖严。

3 泡菜坛子放室外凉爽处腌制 1 ~ 2 天，即可取出食用。

云南泡菜

材料

白萝卜、豆角各 300 克，莴笋 100 克

调料

干辣椒、花椒、老姜各 100 克，盐 150 克，白酒 40 克，红糖 80 克

做法

1 将白萝卜、莴笋均去皮洗净，切成条；豆角洗净，沥水。

2 把 2000 克凉开水注入坛内，放盐、干辣椒、花椒、老姜、红糖、白酒制成泡菜水。

3 把白萝卜、莴笋、豆角放入坛中，盖好盖，添足坛沿水，保持坛沿不缺水，泡制 7 ~ 10 天即可食用。

泡菜拼盘

材料

泡包菜、泡莴笋、泡胡萝卜、泡白萝卜、泡蒜薹、泡蒜头各 100 克

调料

红油、香油各适量

做法

1 泡包菜切块，泡莴笋切丁，泡胡萝卜、泡白萝卜均切成小片，泡蒜薹切成小段备用。

2 将泡蒜头与所有切好的泡菜装盘。

3 再淋上红油与香油，拌匀即可食用。

辣泡双萝

材料

胡萝卜200克，莴笋200克，白萝卜200克，泡椒20克，子姜10克

调料

盐20克，红糖20克，白酒20克，白醋50克，老姜10克

做法

1 菜坛洗净晾干，泡椒洗净去蒂，姜去皮洗净切块，把调味料放坛中备用。
2 将凉开水注入坛中，在坛沿内放水，即成泡菜水；将各种原材料洗净，切成小块，晾干水分，放入坛内用盖子盖严。
3 泡菜坛子放室外凉爽处1～2天。

爽脆心里美

材料

心里美萝卜 200 克

调料

蜂蜜 15 克，白糖 20 克

做法

1 心里美萝卜洗净，去皮，切成小块，入水中焯一下；碗中放上白糖、清水，放入心里美萝卜，腌渍 60 分钟。

2 将蜂蜜用温水调匀，做成味汁。

3 将味汁淋在萝卜上即可。

柠檬藕片

材料

嫩莲藕 200 克，柠檬 2 个

调料

白糖、白醋各适量

做法

1 将柠檬洗净榨汁；在锅中放少许水烧开，放入白糖、柠檬汁、白醋略煮，做成味汁。

2 将凉开水注入坛中，在坛沿内放水，即成泡菜水。

3 将嫩莲藕洗净，切成小块，晾干水分，放入坛内用盖子盖严。

4 泡菜坛子放室外凉爽处 1 ~ 2 天，即可取出食用。

菠萝苦瓜

材料

苦瓜、菠萝各 300 克，圣女果 50 克

调料

盐 4 克，糖 30 克

做法

1 苦瓜洗净，剖开去瓤，切条；菠萝去皮洗净，切块；圣女果洗净对切。
2 将苦瓜放入开水中稍烫，捞出，沥干水分，加盐腌渍。
3 将备好的原材料放入容器，加糖搅拌均匀，装盘即可。

黄瓜胡萝卜泡菜

材料

胡萝卜、黄瓜各150克

调料

盐、味精、醋、泡椒各适量

做法

1 用盐、味精、醋、泡椒加适量清水调成泡汁。

2 胡萝卜、黄瓜均洗净，切长条，置于泡汁中浸泡1天。

3 捞出摆入盘中即可。

泡黄瓜

材料

黄瓜 300 克，蒜 10 克，姜 5 克

调料

盐 2 克，味精、糖各适量

做法

1 将黄瓜洗净，然后切成段，蒜切蓉，姜切末。

2 将黄瓜段用盐腌 2 小时，直至入味。

3 已腌入味的黄瓜段各划开一刀，将切好的原材料、调味料调成糊状，加入黄瓜缝中即可。

泡猪尾

材料

猪尾 300 克，红尖椒、野山椒各 25 克

调料

盐 70 克，葱 5 克，花椒香菜、姜、蒜各 10 克

做法

1 所有材料洗净，猪尾刮净毛，入锅煮熟，捞出过冷水；姜切块，香菜切末，葱切末。

2 将姜、蒜、红尖椒、野山椒、盐、花椒加水制成泡菜水，放入猪尾密封泡制 3 天。

3 取出猪尾斩件，蒜切粒，红尖椒、野山椒切粒，加香菜、葱一起拌匀，摆盘即可。

泡青萝卜

材料

青萝卜 200 克

调料

盐 2 克，糖、辣椒粉各 5 克，味精 3 克，蒜 15 克

做法

1 萝卜去头尾，用凉开水洗净，切成长条。

2 用少许盐腌渍，变软为止，再用凉开水冲洗，以去掉盐分，沥干水分。

3 把辣椒粉和所有调味料搅拌成糊状，倒入青萝卜中，拌匀即可。

川味酱菜

材料

五花肉 500 克

调料

盐、酱油、姜片、料酒、白糖、味精、八角、花椒、桂皮、茴香、红油各适量

做法

1 五花肉洗净，切片，用盐腌渍一天，洗净盐水，沥水。

2 用酱油浸没咸肉，再加姜片、料酒、白糖、味精、茴香、花椒、桂皮、八角。

3 腌渍一天后取出，蒸熟，摆盘，淋上红油即可。

牛肉泡菜

材料

白菜1000克，萝卜、辣椒、姜各50克，大蒜100克，牛肉300克

调料

盐6克，鸡精5克

做法

1 白菜、萝卜、辣椒洗净切块；蒜制成蓉；牛肉洗净切末；姜洗净切末。

2 白菜、萝卜、辣椒、牛肉末和蒜蓉、姜末一起入坛内拌匀，将盐和鸡精一起放入凉开水中，搅匀后倒入坛内，盖好盖子，泡制10天左右即可食用。

泡椒鸭肝

材料

鸭肝 350 克，芹菜、泡红椒各 30 克

调料

盐、味精、料酒、红油、葱花各适量

做法

1 鸭肝洗净，切块，汆水后捞出；芹菜洗净，切菱形片。
2 将芹菜、泡红椒加适量凉开水、盐、味精、料酒、红油调匀成泡汁。
3 将鸭肝置于泡汁中，撒上葱花，浸泡 1 天即可。

麻辣味泡鸡胗

材料

鸡胗80克（需先煮熟），花椒、干辣椒各少许

调料

盐20克，味精6克

做法

1 将鸡胗切成片，装入碗中，备用。
2 锅中加适量清水，放入花椒、干辣椒、盐、味精，拌匀。
3 把锅中配料煮2分钟，制成泡汁淋在鸡胗上。
4 把鸡胗转入玻璃罐中，盖上瓶盖，在室温下密封4天。将腌好的鸡胗取出即可。

川府老坛子

材料

鸡爪 500 克，彩椒、胡萝卜、莴笋各 90 克

调料

盐、醋各少许，姜、野山椒各 20 克

做法

1 把所有原材料洗净切好。鸡爪煮熟，捞出备用。

2 将野山椒、盐、醋和姜片加入适量凉开水拌匀调成泡汁，倒入坛子。

3 将鸡爪、胡萝卜、彩椒、莴笋放入泡汁中。浸泡 1 天，食用时取出装盘即可。

潮式腌黄沙蚬

材料

黄沙蚬300克，香菜末20克，红椒20克

调料

鱼露10克，味精3克，酱油、葱花、姜末、蒜蓉、盐各5克，料酒20克

做法

1 将黄沙蚬洗净，加入开水，烫至开口。

2 用料酒将汆烫过的黄沙蚬腌渍10分钟，使沙蚬充分入味。

3 将香菜末、红椒末、姜末、葱花、蒜蓉和其余调味料一起调成味汁，倒入沙蚬中拌匀即可食用。

卤汁豆腐干

材料

豆腐150克

调料

植物油20克，花椒、姜、葱、酱油、植物油、糖各5克，丁香、草果、大料、桂皮各3克，鸡精2克

做法

1 花椒、草果、丁香、大料、桂皮和葱、姜入卤料袋。
2 锅置火上，倒入适量油，烧热，将豆腐入锅中炸至发黄起泡，捞出控油，切片，制成豆干。
3 清水加入豆干、卤料袋、酱油、糖一起煮沸，转用小火煮25分钟至豆干表面回软，改大火收干，加入鸡精调味，装盘即可。

茶香熏豆卷

材料

干豆腐 300 克，皮蛋块适量，面粉 10 克，葱花、姜末各 20 克

调料

料酒 20 克，香叶 2 克，香油、八角、陈皮、白糖各 10 克

做法

1 干豆腐洗净，卷上皮蛋，用面粉粘严。

2 锅内加葱花、姜末、陈皮、香叶、八角、料酒、面粉和水烧开，下豆卷煮熟捞出。

3 熏锅内放入白糖、豆卷，盖严锅盖，烧至冒黄烟时离火焖 3 分钟取出，熏好的豆卷刷上一层香油，切圆片摆入盘内即成。

美味鹌鹑蛋

材料

鹌鹑蛋 500 克

调料

植物油 15 克，芝麻、红油、盐各 5 克，卤水适量

做法

1 鹌鹑蛋煮熟，剥壳，放入卤水中，慢火卤制，卤熟。

2 锅置火上，倒入适量油，烧热，放芝麻炒香；放入鹌鹑蛋，翻炒片刻。

3 调入盐、红油，装盘即可。

潮式卤腩肉

材料

腩肉 400 克

调料

盐、鸡精各 3 克，五香粉、料酒、香油、老抽各 5 克

做法

1 腩肉洗净，切大块。

2 锅入水，放入腩肉，调入盐、鸡精、料酒、五香粉、香油、老抽搅拌，用慢火炖 40 分钟。

3 煮熟后取出，晾干。切片摆盘，淋入卤水汁即可。

川式卤水拼

材料

猪口条、猪心、牛肚各 200 克，茶叶蛋 3 个

调料

盐 3 克，鸡精 3 克，料酒、五香粉、香油、蚝油各 5 克

做法

1 猪口条、猪心、牛肚洗净，切两半；茶叶蛋剥壳，切成两半摆盘。

2 高压锅入水，放入猪口条、猪心、牛肚，调入盐、鸡精、料酒、五香粉、香油、蚝油搅拌，以大火煮熟。

3 取出待凉，切薄片，摆盘，淋上香油即可。

台式脆卤肉

材料

猪肉200克，大蒜100克，黄瓜100克，面皮200克，生菜200克

调料

盐3克，鸡精3克，老抽8克，白糖5克

做法

1 猪肉洗净，切片；大蒜洗净，折去头尾，切条；黄瓜洗净切长条摆盘；面皮对角叠起，摆盘；生菜洗净摆盘底。

2 热油锅，下猪肉翻炒至熟，调入盐、鸡精、老抽、白糖至颜色变酱色后捞出。

3 把肉摆在生菜上即可。

面饼酱肉拼盘

材料

猪耳朵 200 克，猪口条 200 克，猪头肉 200 克，面饼 300 克

调料

盐 3 克，五香粉 8 克，老抽 10 克，料酒 10 克

做法

1 将猪耳朵、猪口条、猪头肉全部洗净，调入盐、五香粉、老抽、料酒腌 10 分钟。

2 在放入高压锅压 30 分钟，熟透后，捞起沥干，切成薄片摆盘。

3 摆上面饼即可。

冷水猪肚

材料

猪肚 400 克

调料

味精 3 克，盐 4 克，胡椒粉 2 克，香油 12 克，料酒、淀粉、苏打粉、大葱各 50 克

做法

1 大葱洗净切丝；猪肚洗净，用淀粉抓洗，加入苏打粉拌匀，并腌渍 2 小时。

2 猪肚入沸水锅中，加料酒，氽熟后切条状入碗。

3 加入香油、胡椒粉、味精、盐调匀，摆上大葱丝即成。

卤蹄髈

材料

蹄髈500克，柳丁、苹果各适量，香菜5克，香包1个

调料

葱、红椒各10克，大蒜、酱油各20克，姜40克，料酒、冰糖各适量

做法

1 蹄髈处理净，氽去血水，捞出备用。
2 苹果、柳丁均洗净，去皮；红椒洗净，去蒂，切大块；大蒜去皮洗净，拍碎；葱洗净，切长段；姜去皮洗净，切片。
3 所有材料及调味料放入锅中以大火煮开，改成中火煮1小时，熄火再焖2小时，捞出蹄髈，切片，摆盘即可。

水晶肘子

材料

猪肉皮 200 克，肘子精肉 150 克

调料

香料 10 克，盐 4 克，味精、鸡精各 2 克，料酒、酱油、糖色各 5 克

做法

1 将猪肉皮刮净毛，洗净后用开水煮熟。

2 肘子精肉洗净，加香料、盐、味精、鸡精、料酒腌渍入味，加酱油、糖色煮熟。

3 用猪皮将肘子精肉包裹起来，冷却后切成片，装盘即可。

东北酱猪手

材料

猪手 500 克，生姜 10 克，蒜蓉 5 克

调料

盐 5 克，味精 3 克，酱油 8 克，卤水 1000 克，干椒 20 克

做法

1 将猪手褪毛洗净，砍成段，放入沸水中汆去血水。

2 将猪手放入卤水中，卤好后取出斩成小段。

3 将猪手装入盆中，下入调味料拌匀后装盘，即可食用。

卤汁牛肉

材料

牛肉 400 克，卤汁适量

调料

香油、花椒油各 3 克，红油 2 克，盐 5 克

做法

1 牛肉用凉水泡 2 小时，洗净血水，入沸水中汆水，捞起备用；香油、花椒油、红油、盐调味汁。
2 将牛肉放入锅中卤水中卤 90 ~ 120 分钟捞出。
3 牛肉冷却后切斜纹片，装盘，淋上味汁即可。

卤水牛舌

材料

牛舌1个

调料

盐5克，酱油45克，葱段10克，姜片15克，蒜瓣12克，八角8克，桂皮15克，陈皮10克，花椒10克

做法

1 牛舌洗净，下入沸水中稍烫后，取出再刮洗净。

2 锅中加水烧开，下入所有调味料煮至出色，再下入牛舌。

3 卤煮至牛舌入味后，捞出切片装盘即可。

酱牛肉

材料

牛腱子肉 300 克，葱、姜各 10 克

调料

花椒、大料、丁香、桂皮各少许，苹果、老抽各 5 克，生抽 4 克，盐 3 克，味精 2 克，花雕酒 6 克，酱油 10 克

做法

1 先将牛肉洗干净，切成段，姜切块，备用。

2 将锅中清水烧沸，放入牛肉用酱汤调制。

3 将花椒、大料、葱、姜、丁香、桂皮、苹果、老抽、生抽、盐、味精、花雕酒放入锅内，一起卤制 1 小时后，取出，冲凉，切成薄片，装盘即可。

酱羊蹄

材料

羊蹄 500 克

调料

盐、卤水、香油、醋各适量

做法

1 羊蹄洗净后放入开水里汆烫，捞出沥干水。

2 把羊蹄放入卤水中，小火慢卤，使其充分入味，取出晾干。

3 加盐、香油、醋拌匀即可装盘。

风味卤羊肉

材料

羊瘦肉 500 克

调料

盐 5 克，味精 2 克，料酒 10 克，酱油 10 克，八角、桂皮、花椒各适量

做法

1 羊肉洗净，入沸水中汆烫片刻，去除血污，捞出。

2 锅中倒水，放入所有调味料烧开，将羊肉下锅煮熟，捞出晾凉。

3 晾凉的羊肉切片，装盘即可。

老干妈淋猪肝

材料

卤猪肝 250 克

调料

植物油、小米辣、老干妈豆豉酱各 15 克，生抽、红油各 10 克，盐、姜丝、小葱各 5 克，味精 2 克

做法

1 卤猪肝洗净，切成片。

2 将切好的猪肝用沸水焯一下。

3 将焯熟的猪肝捞出，沥干水分，装盘。

4 小米辣洗净，切圈待用；小葱洗净切成葱花，备用。

5 锅置火上，倒入适量油烧热，入姜丝爆香，调入老干妈豆豉酱。

6 将炒好的豆豉酱盛入碗中，再放入小米辣圈、生抽、红油、味精、盐，制成味汁。

7 将味汁均匀淋在猪肝上。

8 撒上葱花，装盘即可。

香辣牛舌

材料

牛舌200克，冬瓜、黄瓜、胡萝卜、红椒各适量

调料

辣椒酱、蒜蓉酱、干辣椒、花雕酒、盐、白糖、八角、桂皮、香叶、白芝麻各适量

做法

1 冬瓜洗净，切厚片；黄瓜洗净，切长条；胡萝卜洗净，切薄片；红椒洗净，切细条；牛舌洗净；牛舌汆水去掉白膜。

2 锅中注水，加辣椒酱、干辣椒及所有香料熬2小时。

3 然后放入鸭舌、盐、糖、花雕酒，小火卤30分钟，捞起晾凉，切片。

4 将冬瓜、黄瓜、胡萝卜、红椒、牛舌码在碗中，撒上白芝麻，待食用时，拌入蒜蓉酱即可。

扬州卤水鹅

材料

鹅肉400克

调料

盐5克，味精1克，醋8克，酱油15克，八角、茴香各适量

做法

1 鹅肉洗净，用盐、酱油腌渍。

2 锅内注水，放入盐、味精、醋、酱油、八角、茴香煮至沸后，放入鹅肉。

3 卤煮至熟后，捞起沥干，切成菱形块，排于盘中即可。

红酱乳鸽

材料

鸽子400克

调料

白糖、绍酒、番茄酱、姜汁、蒜汁、豉油鸡汁、香油南乳汁、生抽各适量

做法

1 鸽子洗净，汆水后捞出；将番茄酱、姜汁、蒜汁、豉油鸡汁、香油南乳汁、生抽调成红酱汁。

2 油锅烧热，放入白糖和清水烧开，放入乳鸽，调入绍酒，烧至鸽肉上色入味。

3 淋上红酱汁，斩块装盘即可。

五香油虾

材料

河虾 250 克

调料

植物油350克，葱花20克，料酒、姜片、糖、五香粉、盐各5克，香油2克

做法

1 虾去须、脚，洗净沥干水分，放姜片、葱花、料酒、五香粉、糖和盐拌匀，腌渍40分钟。

2 锅置火上，入油烧至七成热，下虾入锅（拣出姜片、葱段），炸至红色，捞出，沥油。

3 装盘，撒葱花，淋上香油即可。

卤水冻鲜鱿

材料

鲜鱿鱼 300 克

调料

果皮、桂皮、丁香、八角各适量，生姜、葱段各1克，盐、鸡精粉各 3 克，辣椒油 4 克，日本芥辣 3 克，酱油 4 克，胡椒粉 4 克，香油 5 克，花雕酒 3 克

做法

1 锅上火，油烧热，下鱿鱼、果皮、桂皮、丁香、八角、生姜、葱段，加入盐、鸡精粉、花雕酒炒香，放适量清水，煲沸后，将鱿鱼捞出。

2 将锅中卤水盛入碗里，待凉后，放入冰箱中，待冰镇后，放入鱿鱼，继续浸泡约 5 小时。

3 将鱿鱼捞出，切成圈，放鸡精粉、盐、辣椒油、酱油、胡椒粉、香油、日本芥辣拌匀装盘即可。

卤鸭肠

材料

鸭肠300克，红辣椒10克

调料

精卤水500克，香油适量

做法

1 将鸭肠刮洗干净；红辣椒洗净，去蒂、去籽，斜切成片。

2 精卤水烧开，放入鸭肠，大火煮开后用小火卤3分钟，捞出晾凉。

3 将鸭肠切段，装入盘中，浇少许卤汁，淋上香油，摆上红辣椒片即可。

第三章 • 豆类菜，转换的艺术

豆类菜的制作技巧

做卤水豆腐的窍门

（1）豆腐控干水分。

（2）锅里多放一点油，烧至七成热，然后下豆腐炸，炸豆腐时注意，不能用铲子翻铲豆腐，只能稍微拖动油锅，使豆腐受热均匀。

（3）待豆腐炸至金黄色，捞出，放入卤水中煮 10 分钟，然后再浸泡 30 分钟。

（4）这样卤出来的豆腐不但外形完整，口感也非常嫩滑。

麻婆豆腐的制作秘诀

（1）豆腐切成 2 厘米见方小块，用热水氽过；葱切花，姜去皮切末备用。

（2）炒锅上火放入油，绞肉用辣豆瓣酱、姜末炒酥。

（3）倒入高汤，放入豆腐、酱油、味精和酒，以小火煮至汤汁快干，用淀粉水勾芡，盛盘淋入麻油，撒上葱花、花椒粉以增香味即可 。

豆腐汆水的要领

（1）将豆腐切成大小一致的小块，放入冷水锅中，然后加热。

（2）待水温上升到将开时，应减火保持温度，不必烧开。

（3）待豆腐上浮，手轻捏感觉有一定硬度时，就可将豆腐捞出，浸入冷水备用。

如何煮出色泽鲜丽的毛豆

（1）将毛豆快速洗净后放入容器中，用粗盐搓洗，以除去细毛、增加口感。

（2）将毛豆放入加了盐的沸水中煮，水量须为毛豆的 1 倍以上，别煮得太久。

（3）盛盘。这样煮出的毛豆色泽鲜丽，口感佳。

豆制品怎么吃更好

豆制品的营养主要体现在其丰富的蛋白质含量上。豆制品所含人体所需的氨基酸与动物蛋白相似，同样也含有钙、磷、铁等人体需要的矿物质，含有维生素 B_1、B_2 和纤维素。豆制品虽营养丰富，但不合理地吃豆制品不仅会降低其营养价值，也不利于健康，因此我们要了解一些吃豆制品的常识，让营养加倍。

1 豆腐不宜单独食用

营养学家认为，食物中蛋白质营养价值的高低，取决于组成蛋白质的氨基酸的种类、数量与相互间的比例。如果蛋白质中的氨基酸种类齐全，数量多，相互间的比例适当，那么这种食物蛋白质的生物价值就高，也就是说它的营养价值高。否则，即便食物中蛋白质的含量很高，它的营养价值也不高。

豆腐的蛋白质含量虽高，但由于它的蛋白质中有一种人体必需的氨基酸之一蛋氨酸的含量偏低，所以它的营养价值大打折扣。如何扬长避短呢？办法也很简单，只需将其他动植物食品与豆腐一起烹调就可。如在豆腐中加入各种肉末，或用鸡蛋裹豆腐油煎，便能更充分利用其中所含的丰富蛋白质，提高其营养档次。

此外，豆腐虽富含钙质，但若单食豆腐，人体对钙的吸收利用率会很低。若为豆腐找个含维生素 D 高的食物搭配同煮，借助维生素 D 的作用，便可使人体对钙的吸收率提高 20 多倍。

2 豆腐搭配吃更有营养

（1）豆腐 + 海带

专家主张将海带或其他含碘高的海产品与豆腐搭配食用。因为豆腐中含有一种名为皂角苷的物质，会引起体内碘的排泄，长期食用易引起碘的缺乏。若海带与豆腐同煮，就两全其美了。

（2）豆腐 + 鱼头

鱼头烧豆腐，此菜不仅味道鲜美，而且搭配得非常科学，因为鱼头内的维生素 D 可提高人体对豆腐中钙的吸收。

红烧豆腐煲

材料

豆腐 500 克，鲜冬菇 100 克，生菜 20 克

调料

盐 3 克，上汤、生抽、老抽、糖、酒、淀粉、麻油各适量

做法

1 豆腐切块，用盐腌渍；冬菇切片；生菜洗净，垫入盘底。

2 隔水蒸豆腐约 10 分钟，沥水后，放入滚油内慢火炸至金黄色，盛起。

3 烧热锅下油，放入豆腐、冬菇片，再注入上汤，慢火煮至汁液浓稠，用生抽、老抽、糖、淀粉、酒调成的芡汁勾芡。淋上香油即可。

秘制豆腐

材料

豆腐 500 克，猪肉 50 克

调料

盐 3 克，豆瓣、姜、蒜、肉汤、料酒、酱油、味精、水淀粉、香油各适量

做法

1 豆腐切成片；猪肉切成片；豆瓣剁细。

2 起油锅，将豆腐两面煎成浅黄色。

3 另起油锅，入肉片炒散，加入豆瓣，放姜、蒜炒香，入肉汤，下豆腐、酱油炒匀，加料酒烧沸，用小火煨入味，再加味精，以水淀粉勾芡推匀，收汁，淋上香油即成。

奇味豆干

材料

豆干 400 克

调料

盐、香油各适量

做法

1 豆干洗净，切长方形块。

2 锅上放入水烧开，加入盐，放入豆干煮熟后，捞出沥干，摆盘。

3 用香油拌匀即可。

秘制铁板豆腐

材料

豆腐 6 块

调料

盐 3 克，蒸鱼豉油 4 克，香油 3 克，辣椒油 5 克，花椒粉 3 克，青椒、大葱、小葱、鸡精各少许

做法

1 豆腐洗净，放在铁板上；青椒切丝；大葱切丝；小葱切末。

2 将适量的蒸鱼豉油、辣椒油、盐、鸡精、香油、花椒粉放入碗中调匀制成酱汁，淋在豆腐上。

3 最后撒上大葱丝、青椒丝、葱花即成。

煎炒豆腐干

材料

豆腐干 300 克

调料

盐 3 克，味精 1 克，生抽 8 克，干红椒适量

做法

1 豆腐干洗净，沥干切片；干红椒洗净，切段。

2 锅中注油烧热，下豆腐干煎至金黄色，调入生抽和干红椒翻炒至熟。

3 盐和味精调味，炒匀即可。

老肉烧豆腐

材料

日本豆腐 400 克，五花肉 250 克

调料

盐、生姜、小葱、酱油、绍兴黄酒、白糖各适量

做法

1 豆腐洗净切薄片；五花肉洗净，切块，用绍兴黄酒腌渍。

2 热锅烧水，将豆腐放入开水中烧 2 分钟，捞起装盘；热锅下油，待油轻微冒烟放入白糖，搅拌，待糖熔化后放入猪肉，待肉六成熟时加盐、酱油，再烧 5 分钟，盛放在装有豆腐的盘中即可。

鱼香豆腐

材料

豆腐 200 克，鸡蛋 1 个

调料

盐、豆瓣酱、葱花、淀粉、醋、糖、姜末各适量

做法

1 豆腐洗净切片；鸡蛋打散成蛋液；豆腐在蛋液中蘸匀，入油锅煎至金黄色，装盘待用。

2 热锅倒油，下葱花姜末爆香，加豆瓣酱一起炒，然后放入适量冷水、醋、糖、酱油，用中火熬制起泡，加入淀粉，大火把汁水熬稠，然后将汤汁浇在豆腐上，撒上葱花即可。

多宝豆腐

材料

豆腐 350 克，鲜虾 100 克

调料

盐、洋葱、蒜末、白酒、起司、咖喱酱各适量

做法

1 豆腐洗净切块，鲜虾洗净，洋葱洗净切片。

2 起油锅，入洋葱、蒜末炒香，再入鲜虾、白酒翻炒，放入咖喱酱，拌匀，起锅备用。

3 取一烤盘，抹上一层薄油后，先放豆腐块，淋上煮好的酱料，撒上起司，放入烤箱以 180℃烤 15 分钟，烤至表面金黄色即成。

锦珍豆腐煲

材料

豆腐400克，鱿鱼300克，香菇100克，胡萝卜、黑木耳各适量

调料

盐3克，葱、姜片、鸡汤、酱油、胡椒粉、麻油各适量

做法

1 香菇、黑木耳泡发洗净，切块；豆腐切片；鱿鱼洗净，切片。

2 豆腐煎至两面金黄；将鱿鱼、豆腐、香菇放入小砂锅内，加鸡汤烧开，放盐、酱油调味，炖一会儿，加胡萝卜、黑木耳再炖，然后放入胡椒粉，淋上香油即可。

开胃煎豆腐

材料

老豆腐300克，红椒100克

调料

盐、葱花、蒜末、姜片、酱油、鸡精、红油各适量

做法

1 锅内倒入适量油，将豆腐切成薄片入油锅炸，至表皮焦黄色时捞起。

2 锅内留少许油，将蒜末、红椒、姜片放入爆香，加入炸好的豆腐翻炒。

3 起锅前加适量红油、盐、酱油、鸡精翻炒，最后装盘撒上葱花即可。

农家大碗豆腐

材料

豆腐 200 克，肉末 50 克

调料

植物油 30 克，辣椒油、尖椒、姜末、盐各 5 克，香油、味精各 2 克

做法

1 豆腐洗净。

2 将豆腐切成小块；肉末用少许盐、料酒、姜末腌渍；尖椒洗净，切圈。

3 锅置火上，倒入适量油，烧热，炒香肉末和姜末。

4 放入尖椒、辣椒油煸炒至熟，盛起。

5 炒锅入油烧至六成热，放入豆腐块炸至两面脆黄，调入盐、味精炒匀。

6 烹入适量的水煮开；加入炒好的肉末；淋上香油拌匀，装盘即可。

芥菜豆腐羹

材料

内酯豆腐1盒，猪肉50克，荠菜150克，清鸡汤1袋

调料

盐5克，鸡精10克，香油10毫升，胡椒粉3克，生粉水10毫升

做法

1 豆腐洗净切小粒，猪肉洗净切丝，荠菜洗净切碎。

2 把原材料过沸水后捞出备用。

3 将调味料下锅煮开，再把原料放入锅内煮一会儿后勾芡即可。

洛南豆腐干

材料

豆腐干200克，黄瓜200克

调料

盐3克，味精1克，生抽5克，红油、辣椒粉各适量

做法

1 豆腐干洗净切片，入沸水中煮熟，捞出沥干；黄瓜洗净，切片摆盘；留部分黄瓜切条。

2 将所有调味料置于同一容器，调成味汁，大部分浇在豆腐干和黄瓜条上，拌匀装盘。

3 留部分味汁浇在盘中黄瓜片上，稍腌片刻，即可食用。

蒜薹红椒炒豆干

材料

蒜薹 250 克，豆干 250 克，红椒 50 克

调料

料酒、盐各适量

做法

1 蒜薹洗净切成段，红椒洗净切成丝。

2 豆干略烫后，洗净切成粗丝。

3 锅中加油烧热，放入蒜薹段、红椒丝、盐煸炒，再加入豆干丝、料酒，炒至断生即可。

蟹粉豆腐

材料

内酯豆腐1盒，蟹粉50克

调料

姜、素红油、盐、味精、胡椒粉、淀粉、料酒、香菜叶各适量

做法

1 豆腐切正方块，姜洗净去皮切末。

2 豆腐氽水倒出。

3 净锅上火，放少许素红油，姜末炒香，倒入蟹粉炒香，放入料酒加水烧开。加盐、味精、胡椒粉，再倒入豆腐，开小火烩约2分钟后，用淀粉勾芡，淋素红油出锅，豆腐上放3～4片香菜叶即可。

毛家豆腐

材料

豆腐 200 克，肉末、香菇末、蒜米、红椒米各 50 克

调料

豆瓣酱、辣妹子辣椒酱、植物油各 20 克，姜末、淀粉各 15 克，香油 10 克，盐 5 克，上汤适量

做法

1 豆腐切三角形；锅中加入适量油烧热，将豆腐入油锅炸至金黄色，捞出。

2 锅内留少许底油，烧热，放肉末、香菇末、红椒米、蒜米、姜末炒香；加豆瓣酱、辣妹子辣椒酱炒匀；倒入上汤，加入豆腐。

3 烧至豆腐入味，加盐，用淀粉勾芡，淋入香油，装盘即可。

素炒豆腐丝

材料

豆腐丝 300 克，青、红甜椒各 1 个，包菜叶 100 克

调料

葱花、姜末、蒜末各 5 克，盐、鸡精各 3 克，料酒、淀粉各 10 克

做法

1 豆腐丝冲洗净沥干；青、红甜椒洗净切丝；包菜叶洗净，切丝。

2 油锅烧热，放入姜末、蒜末、葱花爆香，再依次倒入青甜椒丝、红甜椒丝、包菜丝翻炒均匀。放入豆腐丝翻炒，加盐、料酒、鸡精调味，用淀粉勾芡即可。

辣椒炒香干

材料

香干250克，辣椒80克，黄瓜少许

调料

盐3克，鸡精2克，酱油、水淀粉各适量

做法

1 香干洗净，切片；黄瓜洗净，切片；辣椒去蒂洗净，切段。

2 热锅下油，入辣椒炒香，再放入香干，加盐、鸡精、酱油调味，待熟，用水淀粉勾芡，装盘。

3 将黄瓜片摆盘即可。

鸡汁豆干丝

材料

豆腐干 300 克，鸡汤 300 克

调料

盐、姜、葱、酱油、味精、香油各适量

做法

1 将豆腐干洗净切丝，葱、姜洗净切片。

2 起锅点火，倒入鸡汤，加入盐、味精、酱油、葱、姜调味。

3 烧开后离火，放入豆腐丝浸泡 3 小时后捞出放凉。

4 将豆腐丝圈成圈，淋上香油即成。

烤干豆皮

材料

豆皮 200 克

调料

盐 2 克，味精 1 克，辣椒酱、胡椒粉、番茄酱各适量

做法

1 豆皮洗净，沥干，切方形；所有调味料置于同一容器中，调匀。

2 将豆皮用竹签穿起；用毛刷蘸取调味料，均匀刷在豆皮表面。

3 将豆皮置于烤箱里，烤至表面金黄即可。

豆皮卷

材料

豆皮 200 克，青菜 150 克，胡萝卜 100 克，红椒少许

调料

花生酱适量

做法

1 豆皮洗净，切宽片；青菜洗净，切段；胡萝卜洗净，切丝；红椒去蒂洗净，切丝。
2 将切好的青菜、胡萝卜用豆皮包裹，做成豆皮卷，摆好盘，用红椒丝点缀。
3 配以花生酱食用即可。

极品豆腐

材料

豆腐皮200克，松仁50克，青椒、红椒各50克，猪肉100克

调料

盐3克，鸡精2克

做法

1 青椒、红椒均去蒂洗净，切末；猪肉洗净，剁成末；豆腐皮洗净。

2 热锅下油，放入猪肉、松仁炒香，再放入青椒、红椒一起炒，加盐、鸡精调味。

3 将上述炒好的原材料用豆腐皮卷成豆卷，摆盘即可。

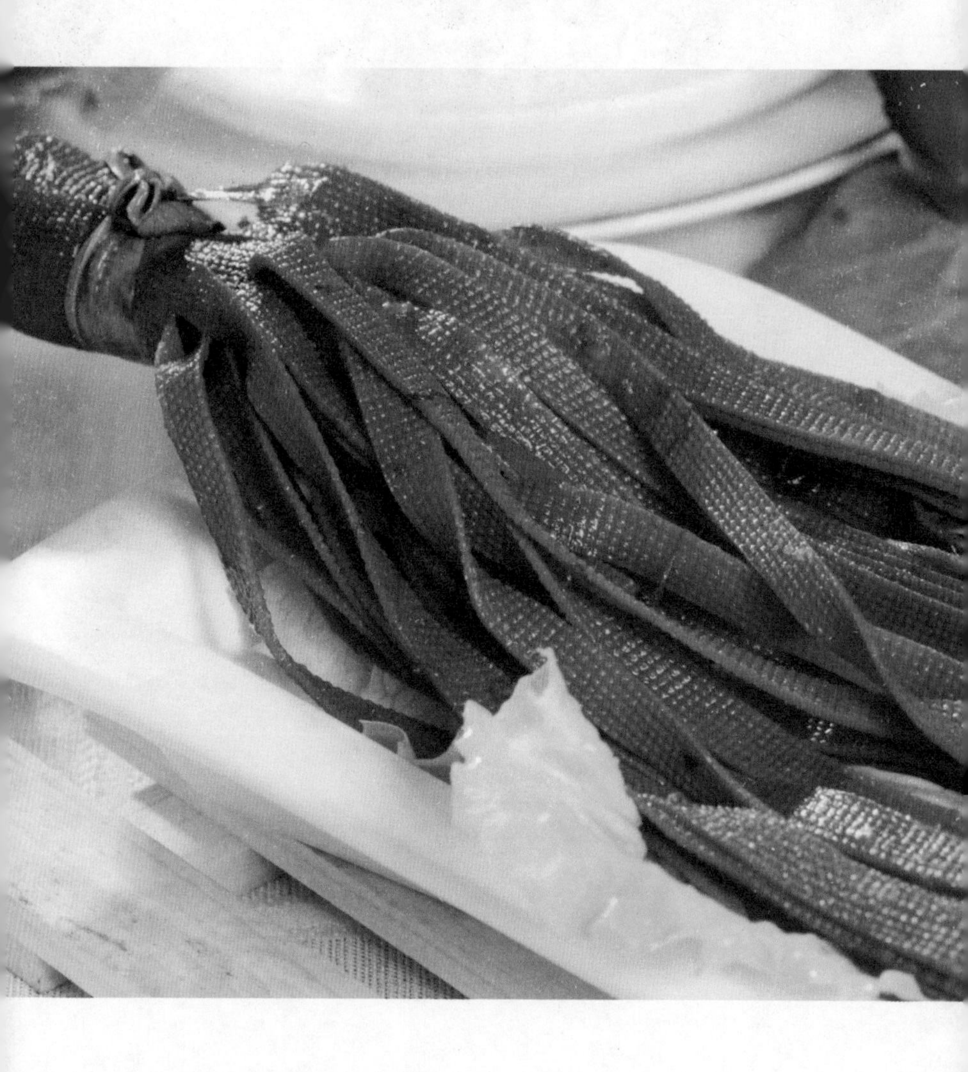

五香豆腐丝

材料

豆腐丝 300 克

调料

盐、花椒、味精、料酒、酱油、八角、桂皮、醋各适量

做法

1 将豆腐丝泡洗干净，焯一下捞出控水待用。
2 锅内放入清水，加盐、味精、花椒、八角、桂皮、料酒、酱油，大火烧沸煮 5 分钟，关火，放入豆腐丝浸泡，冷却后即可。
3 食用前滴入少许醋即可。

扬州煮干丝

材料

白豆干 300 克，虾仁 250 克，土豆、青菜各 30 克，高汤 100 克

调料

盐、姜、蒜、鸡精、黄酒各适量

做法

1 白豆干洗净切丝，土豆洗净切丝，虾仁洗净，葱洗净切段，姜、蒜洗净切末，青菜洗净焯熟摆盘。

2 热锅下油烧热，爆香姜末、蒜末，放入豆干丝翻炒片刻；加入高汤烧开；加入虾仁、土豆丝，放点盐、鸡精、黄酒，盖上盖煮 5 分钟。

3 出锅前撒点葱段即可。

飘香臭豆腐

材料

臭豆腐 300 克，玉米粉 100 克，面包粉 100 克，鸡蛋 50 克

调料

盐、辣椒油、芝麻、白糖、姜、葱各适量

做法

1 姜、葱洗净切末；将臭豆腐洗净切块，依次裹上玉米粉、蛋液、面包粉待用。
2 热锅下油，加热至八成热时，轻轻放入臭豆腐炸至金黄色时，捞出控油装盘。
3 再取碗，倒入适量面包粉、辣椒油、芝麻、白糖、葱花、姜末，调匀成酱汁佐食。

苦瓜炒豆腐

材料

豆腐200克，苦瓜一根

调料

葱5克，盐、食用油各适量

做法

1 苦瓜洗净从中间剖开，去瓤，切片；加盐手搓，沥出苦汁，用清水冲净。
2 豆腐切成小方块，放入开水中焯一下。
3 平底锅倒油加热，倒入豆腐，用小火煎至表面微黄盛出。
4 锅中加适量油，下葱花煸炒，加入苦瓜炒制变软。
5 加入豆腐翻炒至食材熟，加盐出锅。

老北京豆酱

材料

青豆、黄豆各80克，肉皮、胡萝卜各适量

调料

盐3克，鸡精2克，酱油10克，料酒8克，八角、桂皮料包1个，姜片适量

做法

1 青豆、黄豆分别洗净泡发，沥干；肉皮洗净，入沸水中汆烫，切块；胡萝卜洗净切丁。

2 锅中注入清水烧沸，加入所有原材料和调味料，先用大火煮沸，再用小火熬煮至皮烂汤浓时，取出料包，将其倒入容器中晾凉，倒扣于盘中，即可食用。

千张夹肉煲

材料

千张5张，瘦肉150克

调料

葱末5克，姜末10克，味精30克，盐15克，酱油、白糖、胡椒粉各少许，高汤150毫升，料酒15毫升，蚝油少许

做法

1 将千张洗净切成10厘米长、4厘米宽的块，猪肉洗净剁成末。

2 把肉末加盐、味精、料酒、少许蛋清，入碗中拌搅，用千张卷起来。

3 锅内放入蚝油煸炒葱、姜，放入千张卷、高汤、酱油、白糖、胡椒粉用中火烧至熟即可。

秘制卤豆腐卷

材料

豆腐皮 4 张，榨菜丝 20 克，竹笋、胡萝卜各半根，香菇 5 朵

调料

清汤 100 克，酱油 10 克，白糖、香油各 5 克

做法

1 竹笋、香菇、胡萝卜洗净切丝；将酱油、香油、白糖、清汤放入碗中制成调味汁。

2 油烧热，下香菇丝、笋丝、胡萝卜丝、榨菜丝炒匀，调入味汁，炒干汤汁作馅料；豆腐皮摆好，抹上调味汁，放上馅料，折成长方块，放到抹过油的蒸盘上，蒸熟，取出切段即成。

辣汁豆腐

材料

豆腐 300 克

调料

盐 3 克，鸡精 2 克，水淀粉 5 克，辣椒粉 5 克

做法

1 豆腐洗净切块，水淀粉搅匀。

2 油锅烧热，放入豆腐大火煎至金黄色，加入水，调入盐、鸡精、辣椒粉炒入味。

3 快起锅时，调入水淀粉勾芡，烧至收汁即可。

脆皮五仁豆腐

材料

豆腐400克，松仁100克，腰果80克，红梅、绿梅各20克

调料

盐3克，鸡精2克，水淀粉8克

做法

1 豆腐洗净切块；松仁、腰果、红梅、绿梅洗净，待用；水淀粉均匀地裹在豆腐上。

2 大火烧热油锅，放入豆腐、松仁、腰果炒熟；调入盐、鸡精炒入味。

3 水淀粉勾芡，加点水，翻炒，起锅摆盘，摆上红梅、绿梅即可。

豆乳碗蒸

材料

豆腐 80 克，干贝 15 克，鸡蛋 30 克，草菇 5 克

调料

白胡椒粉 1 克，米酒 5 毫升，牛奶 40 毫升，盐、淀粉各少许

做法

1. 豆腐打碎，用纱布沥干水分；草菇洗净切碎；干贝放入碗中，加 1/3 碗水、米酒，移入蒸锅，蒸 30 分钟取出，留汤汁；草菇、干贝汁、盐、白胡椒粉放入锅，煮滚后加入水淀粉勾芡，调成酱汁。
2. 干贝剥细丝，豆腐、鸡蛋、牛奶、淀粉放入碗中调匀，移入蒸锅蒸 15 分钟，食用时淋上酱汁即可。